Meine eigene Samengärtnerei

Constanze von Eschbach

Meine eigene Samengärtnerei

Artenvielfalt unserer heimischen Nutzpflanzen erhalten und Saatgut selbst herstellen und kultivieren

1. Auflage August 2015
2. Auflage Januar 2018
3. Auflage Mai 2021
4. Auflage Januar 2023

Umschlaggestaltung: Jennifer Hellwagner
Satz und Layout: opus verum, München

ISBN: 978-3-86445-227-7

Bildnachweis: siehe Seite 190

Gerne senden wir Ihnen unser Verlagsverzeichnis.
Kopp Verlag
Bertha-Benz-Straße 10
D-72108 Rottenburg
E-Mail: info@kopp-verlag.de
Tel.: (0 74 72) 98 06-10
Fax: (0 74 72) 98 06-11

Unser Buchprogramm finden Sie auch im Internet unter:
www.kopp-verlag.de

Inhalt

Praxis der Samengärtnerei

Vorwort

Meine ersten Versuche, Gemüse und Kräuter zu vermehren, geschahen aus spielerischer Neugier. Es war Frühling. Ich hatte gerade meinen Bauernhof bezogen und war etwas zu spät dran mit dem Gemüseanbau. Eine Nachbarin brachte mir zum Einstand nicht Brot und Salz, sondern zwei Fläschchen: Im einen erkannte ich getrocknete Bohnen, das andere enthielt die Samen von Paprikaschoten. »Die Bohnen können Sie jetzt noch stecken«, sagte sie mir, »aber mit den Paprikaschoten müssen Sie bis nächstes Jahr warten, denn die sät man ja spätestens Mitte März.« Ich erfuhr, dass Frau M. ihre Gemüsepflanzen selbst vermehrte, entweder durch Samen, Stecklinge oder Teilung der Pflanze, und ich lernte, dass man den ganzen Sommer über säen und pflanzen kann, dass man eben nur die Vegetationszeit der verschiedenen Pflanzen beachten muss. Ich bekam noch eine Hand voll Steckzwiebeln (»Nicht essen, sondern bis nächstes Jahr wachsen lassen, damit sich Samen bilden!«), einige Salat- und abgeblühte Bärlauchpflänzchen und das Versprechen, mir im Juni Feldsalatsamen abholen zu dürfen.

Nun konnte ich doch schon sofort loslegen! Erst mal grub ich ein Gemüsebeet für Bohnensamen und Zwiebeln. Der Bärlauch kam in den Schatten unter die Bäume, deren Laub den Boden mulcht und so feucht hält, wie Bärlauch es mag. Dann legte ich ein Winterbeet für Feldsalat an und setzte dort auch gleich den Salat. Frau M. hatte mir eine frostharte Wintersorte gegeben. »Einfach blühen lassen. Er sät sich selber aus, zwar nicht so üppig, aber man kriegt trotzdem genug Salat im nächsten Frühjahr.« Als ich dann meinen Feldsalat abholte, war ich etwas verblüfft, denn ich bekam eine Tüte mit verwelkten Blättern, Blüten und deutlich erkennbaren Samenständen, die ich nur über dem Beet ausstreuen sollte.

So einfach war das also mit der Samengärtnerei. Ich holte mir überreife Gurken beim Biogärtner, pulte Tomatensamen aus Früchten, die mir gut schmeckten, sammelte in meinem Freundes- und Bekanntenkreis abgeblühte Rucola, Fenchel, Dill und Schnittlauch, holte – mit Erlaubnis! – zwei übrig gebliebene Kürbisse vom Feld, und die Topinamburknollen aus dem Bioladen wanderten mal nicht in den Wok, sondern ins Beet. Im folgenden Jahr konnte ich vieles bereits säen. Außerdem beschäftigte ich mich mit den Grundlagen der Biologie; »trial and error« ist zwar eine anerkannte Methode auch in der Naturwissenschaft, doch wer Bescheid weiß, kommt gewöhnlich schneller zum Ziel. Und das ist entscheidend bei allem, was mit dem Garten zu tun hat: Klappt etwas nicht, vergeht meist ein ganzes Jahr, bis man den nächsten Versuch starten kann.

Selbstverständlich hat bei meinen Versuchen manches nicht geklappt. Da fand ich mal einen Kürbis, den ich so nicht gesät hatte und der Früchte trug, die ich nicht kannte: geformt wie übergroße Zucchini, mit einer Schale hart wie Holz und viel zu fade im Geschmack. Pastinaken gingen nicht auf, weil ich damals noch nicht wusste, dass sich die Samen nur sehr kurz halten. Für Möhrensamen brauchte ich zwei Vegetationsperioden, sprich: ganze vier Jahre, und die Pflänzchen aus mühsam gewonnenen Brokkolisamen fraßen dann die Kohlweißlingsraupen. Doch das meiste funktionierte. Ich fand ein paar Tricks, die ich Ihnen natürlich aufgeschrieben habe, tauschte mich bald mit Gleichgesinnten aus und erfuhr zu meinem Erstaunen, dass trotz bunter Samenkataloge und stetig wachsendem Angebot an Jungpflanzen immer mehr Hobbygärtner auch als Samengärtner arbeiten. Ihnen geht es genau wie mir nicht um Pflanzenzucht, sondern um die einfache Vermehrung von Gemüse, Salat und Kräutern, die wir gerne essen, aber nicht alle Jahre wieder im Gartencenter holen wollen.

Auch wir Hobby-Samengärtner tragen entscheidend dazu bei, die natürliche Sortenvielfalt zu erhalten. Wir machen uns durch eigene Samengärtnerei unabhängig von industrieller Hybrid-Pflanzenzüchtung und gentechnischen Veränderungen unserer Kulturpflanzen. Zudem können wir, wenn auch nur im kleinsten Rahmen, die Verfügungsmacht multinationaler Saatgutkonzerne boykottieren – Saatgut muss für alle Menschen frei verfügbar sein und darf der Allgemeinheit nicht durch restriktiven Sortenschutz oder gar Patentschutz entzogen werden. Nach meiner Auffassung ist es ethisch nicht vertretbar, Lebewesen zu patentieren.

Vielleicht kann ich auch Sie mit diesem Buch für die Samengärtnerei gewinnen – ich würde mich sehr freuen! Ich wünsche Ihnen Spaß beim Experimentieren, Erfolg bei der Arbeit und die Entspannung, die uns die Natur schenkt, wenn wir sie beobachten und von ihr lernen dürfen.

Ihre

Constanze von Eschbach

Basiswissen für Samengärtner

Für Artenvielfalt und Sortenerhalt unserer Nutzpflanzen engagieren sich immer mehr Privatgärtner. Im folgenden Kapitel lesen Sie, aus welchen Gründen die eigene Samengärtnerei so wichtig ist und welche Grundkenntnisse man dazu braucht.

Vielfalt erhalten – Nutzpflanzen vermehren

Erst mal ein Gedankenexperiment: Stellen Sie sich vor, es gibt nur noch Gemüse aus dem Supermarkt. Vom Kopfsalat kann man nur das letzte Drittel verwenden, denn die restlichen Blätter sind hart und geschmacklos. Was nach dem Entfernen holziger Stellen vom Kohlrabi übrig bleibt, erinnert im Geschmack ein wenig an Kohl. Drei verschiedene Tomatensorten können Sie kaufen, die eine ist rund, die andere länglich, die dritte murmelartig klein. Alle sind rot, verströmen ein mildes Tomatenaroma, und wenn sie zu Boden fallen, platzen sie nicht auf. Und die Gurke, die man für den gemischten Salat besorgt hat, fällt vor allem deshalb auf, weil sie das Dressing verwässert.

Heutzutage kommt es bei Nutzpflanzen ausschließlich auf Transport- und Lagerfähigkeit an. Dazu noch auf ein paar Charakteristika, die der Konsument mit einem Lebensmittel verbindet: Äpfel sind saftig und süß oder säuerlich – so steht es auf den Etiketten an den Regalen. Radieschen sind rund, rot und prall. Dass sie innen pelzig sind, merkt man erst, wenn sie in Scheibchen auf dem Butterbrot liegen. Dann muss man sie eben in der Biotonne entsorgen. Doch das schadet ja nicht, denn Bio ist grün und nachhaltig und gut für unser Gewissen.

Mir fielen auch die Salatpflänzchen ein, die ich immer wieder in Gartencentern gekauft hatte – aus Zeitmangel, aus Faulheit oder weil ich dachte, so schlimm könne es ja nicht sein mit der Sortenverarmung unserer Kulturpflanzen. Doch es ist so schlimm – leider! Denn ich hatte Salat gekauft und angepflanzt, von dem man nur das letzte Drittel ... siehe oben.

Geschäftsmodell Saatgut

Bunte Reihen von Saatgutpäckchen, überquellende Container mit Jungpflanzen und dicke Saatgutkataloge sollen darüber hinwegtäuschen, dass es vorwiegend Sorten gibt, die gegen alles Mögliche resistent sind, auch gegen Aroma und Geschmack. Mit tatsächlicher Vielfalt hat diese scheinbare Fülle jedoch überhaupt nichts zu tun.

Unsere Kulturpflanzen sind über Jahrtausende entstanden. Unzählige waren daran beteiligt, die als Botaniker forschten und sammelten, als Reisende unbekannte Pflanzen in die Heimat brachten, als Züchter Wildformen veredelten und neue Sorten entdeckten, als Bauern regionale Sorten hegten und vermehrten. All das ist nun in Gefahr, und zum Verschwinden zahlreicher Arten und Sorten bedarf es nur weniger Jahrzehnte. Daran beteiligt sind nur wenige, und an vorderster Front stehen multinationale Unternehmen: Nach Angaben der *International Seed Federation* (*ISF*) ist der Marktanteil der größten Saatgutkonzerne in nur 26 Jahren von 9 auf knapp 50 % gestiegen. Das Handelsvolumen ist im selben Zeitraum von 1,5 auf rund zehn Milliarden US-Dollar gestiegen.

Zunächst setzte die Saatgutindustrie auf Hybriden, die besonders üppig wachsen, in der zweiten Generation jedoch unfruchtbar sind. Die Anfänge der Hybridzüchtung liegen in den 60er-Jahren des vorigen Jahrhunderts und wurden damals nur an Mais erprobt. Inzwischen finden Sie die meisten gängigen Nutzpflanzen als Hybriden in den Samenpäckchen. Bei Hybriden bleibt es nicht, denn natürlich spielt die Gentechnologie bei der industriellen Pflanzenzüchtung eine herausragende Rolle; der schönfärberische Begriff »Biotechnologie« ist die neue Umschreibung für gentechnisch verändertes patentiertes Saatgut, so der Publizist F. William Engdahl. Nach Engdahls Recherchen wird Saatgut gentechnisch nur deshalb verändert, um es

Die Agrarindustrie setzt auf Monokulturen.

resistent gegen ein weltweit meist verkauftes Unkrautvernichtungsmittel zu machen.

Vandana Shiva

Die indische Aktivistin und Trägerin des Alternativen Nobelpreises von 1993, Vandana Shiva, die sich seit langem für Biodiversität einsetzt, warnt uns alle davor, auf die Souveränität beim Saatgut zu verzichten. Denn das heiße nichts Geringeres, als in letzter Konsequenz die Kontrolle über eines unserer wichtigsten Lebensgüter, unser Essen zu verlieren. »Saatgut«, so Shiva im »Manifest zur Zukunft des Saatguts«, »steht am Anfang der Nahrungskette ... Der freie Austausch von Saatgut unter Bauern war die Grundlage für die Erhaltung und Entwicklung ... von Ernährungssicherheit.«

Gefahr im Verzug

Machen wir es uns bewusst: Wer die Verfügungsmacht über Pflanzen hat, wer Saatgut nicht nur erzeugt, verteilt oder vertreibt, sondern es tatsächlich besitzt, ist auch in der Lage, die Lebensmittelproduktion zu steuern, Bauern in moderne Leibeigenschaft zu überführen, Hungersnöte zu provozieren, Verteilungskonflikte anzuzetteln und Kriege vom Zaun zu brechen. Gewiss waren unsere Nahrungsmittel immer schon lukrative Spekulationsobjekte, werden die Grundlebensmittel Weizen und Mais an der Rohstoffbörse gehandelt wie Erdöl oder Kupfer. Neu aber ist, dass eine Hand voll global agierender Unternehmen das Leben auf der Erde kontrollieren will, dass Patente auf Tiere und Pflanzen erlaubt sind, dass multinationale Saatgutkonzerne ihren Interessen rücksichtslos Geltung verschaffen dürfen, ohne dass Politik und Justiz einschreiten. Im Gegenteil: Auch die unheilige Allianz von Politik, Konzernen, privaten Stiftungen und staatlichen Behörden hat Engdahl akribisch recherchiert.

Sortenschutz und Patentschutz

In Deutschland und anderen Ländern gilt der Sortenschutz: Er sichert Züchtern zwar zu, ihre neuen Sorten exklusiv zu vermarkten, doch diese dürfen auch von anderen Züchtern, Gärtnern, Landwirten und selbstverständlich Privatgärtnern verwendet werden. Patentiertes Saatgut dagegen steht anderen Nutzern nur eingeschränkt zur Verfügung. Patente bedeuten somit ein grundlegend verändertes Rechtssystem bei der Pflanzenzucht. Bisher wurden Patente nur auf gentechnisch veränderte Organismen erteilt. Nach dem Spruch des Europäischen Patentamts vom März 2015 sind sie nun auch für konventionell gezüchtete Pflanzen und Tiere erlaubt. Umgehend protestierte dagegen der Bund für Ökologische Lebensmittelwirtschaft: Die Entscheidung diene »ausschließlich den Interessen multinationaler Saatgutkonzerne«. Das Bündnis »Keine Patente auf Saatgut« befürchtet eine weitere Monopolisierung durch Konzerne wie *Monsanto* und *Syngenta*. Und der Bundesverband Deutscher Pflanzenzüchter sieht »Innovation in der Züchtung und Zugang zu genetischer Diversität gefährdet«.

Wehren wir uns endlich!

Inzwischen entstehen immer mehr private Initiativen für Sortenerhalt: Bei Saatgutbörsen, in Vereinen und auf Tauschmärkten können Sie Samen für die Erstaussaat bekommen, wenn Sie sich für die Nutzpflanzenvermehrung entschieden haben. Biozüchter arbeiten konsequent ohne Hybridzüchtung und gentechnische Verfahren; auch diese Saat kann man selbstverständlich kaufen. Kampagnen und Festivals sorgen für Aufmerksamkeit in Sachen Pflanzenvielfalt und liefern Informationsmaterial – Adressen wichtiger Anlaufstellen finden Sie auf Seite 186.

Kenntnisse in Saatgutvermehrung sind nicht nur für Landwirte, sondern auch für uns Gärtner und Gärtnerinnen notwendig, die wir nur für den Eigenbedarf produzieren. Wir wissen ja nicht, was die Zukunft bringt. Noch sind wir gewohnt, alles kaufen zu können, was wir täglich brauchen. Doch wir sollten auf tief greifende Änderungen unseres Lebensstils des bloßen Konsumierens zumindest vorbereitet sein. Saatgut ist die Grundlage unserer Ernährung. Den Zugriff darauf dürfen wir uns nicht nehmen lassen!

Botanik – kurz gefasst

Während richtige Pflanzenzucht spezielle Kenntnisse verlangt, muss man als Hobbygärtner für die Pflanzenvermehrung nur wenige Grundlagen kennen und verstehen: die beiden Arten der Vermehrung, die Beschaffenheit von Samen und der Aufbau einer Pflanze. Wenn Sie wissen, wie ein Samen »funktioniert«, können Sie manchmal ein wenig tricksen, um schneller zum Ergebnis zu kommen (siehe Tipp beim Tomatenporträt). Wenn Sie den Aufbau einer Pflanze kennen, vermeiden Sie Fehler beim Überwintern. Und die Art der Vermehrung sagt Wesentliches über die Samenfestigkeit und die Vielfalt der Pflanzen aus.

Die Vermehrung der Pflanzen

Sie verläuft entweder generativ (sexuell, geschlechtlich) über Samen oder vegetativ (asexuell, ungeschlechtlich) über Teile der Pflanze: Stecklinge, Ausläufer, Knollen oder Rhizome. Beides ist auch für den Hausgarten wichtig.

Bei der generativen Vermehrung verschmelzen männliche Keimzellen und weibliche Eizellen miteinander: Das geschieht bei Selbstbefruchtung innerhalb einer einzigen Pflanze oder Blüte sowie bei Fremdbefruchtung mit mindestens zwei Pflanzen. Durch die generative Vermehrung entstehen neue Pflanzen, die das Erbgut der Elternpflanzen in sich tragen und dennoch als Individuen zur Vielfalt beitragen. Pflanzenzüchtung erfolgt deshalb über generative Vermehrung.

Topinamburknollen für vegetative Vermehrung

Vegetative Vermehrung ist einfacher und seit Jahrtausenden wichtig für Landwirtschaft und Gartenbau. Die vermutlich älteste Form ist die Vermehrung durch Stecklinge: Man

Weibliche (rechts) und männliche (links) Zucchiniblüte

schneidet einen Zweig (botanisch: Spross) von der Mutterpflanze ab, steckt ihn in den Boden und lässt ihn Wurzeln schlagen. Pflanzen sorgen natürlich auch selbst für vegetative Vermehrung. Die unteren Triebe von Beerensträuchern zum Beispiel wachsen seitwärts und bilden Wurzeln, wenn sie die Erde berühren. Für einen neuen Beerenstrauch kappt man dann einfach die Verbindung zur Mutterpflanze. Erdbeeren bilden Ausläufer, Topinambur wächst unterirdisch über große Flächen, und im Boden vergessene Kartoffeln treiben im nächsten Jahr wieder aus. Der Nachteil bei vegetativer Vermehrung: Die neuen Pflanzen sind Klone, die mit der Mutterpflanze genetisch identisch sind. Pflanzen Sie eine Topinamburknolle, aus der dann ein ganzes Topinamburbeet entsteht, so handelt es sich bei all diesen Pflanzen genau genommen um eine einzige Pflanze, die nur Klone hervorgebracht hat. Klone aber können sich genetisch nicht erneuern; sie verlieren im Lauf der Zeit an Kraft und sterben schließlich ab. Deshalb muss man vegetativ vermehrte Pflanzen auch immer wieder ersetzen; Details dazu finden Sie in der Tabelle auf Seite 176 ff.

Blüte und Bestäubung

Einhäusige Pflanzen tragen sowohl weibliche als auch männliche Blüten mit den entsprechenden Fortpflanzungsorganen. Es gibt einhäusige Pflanzen mit getrennt-

Bestäubungshelfer

Fremdbefruchter brauchen Wind und Insekten für die Bestäubung: Sehr feiner Pollenstaub wird durch den Wind übertragen, sonst sind Bienen, Hummeln, Wespen, Schwebfliegen, Aasfliegen, Käfer und Schmetterlinge wichtige Pollentransporteure – Grund genug, für Artenvielfalt im eigenen Garten zu sorgen, vor allem in Zeiten der ständig zunehmenden Monokulturen in der Agrarwirtschaft. Es spielt übrigens keine Rolle, wie farbig oder attraktiv eine Blüte für uns Menschen ist: Insekten besuchen ganz unscheinbare Petersilienblüten, während ziemlich auffällige »Haselnusskätzchen« vom Wind bestäubt werden.

geschlechtlichen Blüten oder mit Zwitterblüten, die sowohl die männlichen Staubblätter als auch die weiblichen Fruchtblätter tragen. Bei zweihäusigen Pflanzen befinden sich die eingeschlechtlichen männlichen und die eingeschlechtlichen weiblichen Fortpflanzungsorgane auf verschiedenen Pflanzen. Diese Pflanzen tragen dann entweder weibliche Stempelblüten oder männliche Staubblattblüten.

Der weibliche Teil der Blüte besteht aus Narbe, Griffel und Stempel mit den Eizellen. Der männliche Teil sind Staubblätter mit Staubgefäßen und Pollen. Dieser sichtbare mehlartige Blütenstaub umgibt die männlichen Keimzellen und schützt sie auf ihrem Weg zu den weiblichen Empfangszellen der Pflanze.

Fast immer erfolgt die Verschmelzung von Keimzellen und Eizellen durch Bestäubung. Sobald der Pollen auf die weibliche Narbe trifft, keimt er aus, wächst schlauchförmig durch den Griffel bis zum Fruchtknoten und befruchtet die Eizellen darin.

Der Pollen jeder Pflanzenart weist eine bestimmte Größe, Form und Außenstruktur auf. Deshalb findet auch eine gezielte Befruchtung statt: Pollen der eigenen Art docken aufgrund spezifischer Oberflächeneigenschaften an die Narbe an, während fremde Pollen herunterfallen und nicht zur Keimung gelangen.

Der Aufbau einer Pflanze

Wurzeln verankern die Pflanze in der Erde, entweder mit einer dicken, geraden Pfahlwurzel wie bei Löwenzahn oder Möhren, oder mit feinen Büschelwurzeln zum Beispiel von Sellerie, die wie ungekämmte Haare wirken. Doch auch rund um eine Möhre wachsen noch hauchfeine Wurzeln. Mit diesen feinen Wurzelhärchen nehmen die Pflanzen Mineralstoffe auf. Bei zweijährigen Pflanzen sind Pfahlwurzeln zusätzlich oft das Speicherorgan für Nährstoffe, die Pflanzen im zweiten Vegetationsjahr für

Neuaustrieb, Blüte und Samenbildung brauchen. Das macht man sich für die Samengewinnung zunutze (siehe Pflanzenporträt Möhre Seite 87).

Die Sprossachse, meist gut sichtbar als Stängel, ist gewissermaßen das »Herz« der Pflanze. Sie setzt sich in der Pflanze fort und muss intakt bleiben, sonst wächst die Pflanze nicht mehr. Wenn Sie eine Möhre längs halbieren, sehen Sie die weißliche innere Sprossachse, die vom orangefarbenen Fruchtfleisch umgeben ist. Eine Möhre für den Neuaustrieb müssen Sie quer halbieren, denn schneidet man sie der Länge nach durch, verletzt man die Sprossachse. Und wenn Sie im Herbst Chinakohl oder andere Gemüsepflanzen für die Überwinterung ausgraben, müssen Sie unbedingt darauf achten, die Herzblätter und das Wurzelsystem nicht zu verletzen.

Blätter brauchen Pflanzen erstens für die Atmung, denn sie nehmen genau wie Menschen und Tiere auch Sauerstoff auf. Tagsüber brauchen sie für die Fotosynthese zwar vorwiegend Kohlendioxid (siehe unten), doch nachts lässt sich messen, wie viel Sauerstoff eine Pflanze einatmet. Auch beim Neuaustrieb im Frühjahr, wenn die grünen Blätter noch fehlen, brauchen sie Sauerstoff. Die Nährstoffe, die Pflanzen den Winter über in Wurzeln und Zwiebeln gespeichert haben und ihnen jetzt das Wachstum ermöglichen, können sie nur mithilfe von Sauerstoff nutzen.

Geplatzte Möhre mit deutlich sichtbarer Sprossachse

Zweitens sind Blätter die Labors für die Fotosynthese. Bei diesem chemischen Prozess stellt die Pflanze zwei Grundstoffe des Lebens her: Sauerstoff und Kohlenhydrate. Dazu braucht sie Kohlendioxid, Wasser und Energie. Kohlendioxid (CO_2) holt sie durch Spaltöffnungen an der Unterseite der Blätter aus der Luft, Wasser (H_2O) in Form von Regen, Tau oder Gießwasser holt sie sich mit ihren Wurzeln. Die Energie für diesen Prozess liefert das Sonnenlicht; deshalb findet nachts keine Fotosynthese statt. Und in den Blättern spielt sich dieser chemische Prozess

Mineralstoffe – Nahrung für die Pflanzen?
Nein, denn »Nahrung« für Pflanze, Mensch und Tier bedeutet, dass ein Stoff Energie liefert. Diese Energie bekommt die Pflanze durch die Fotosynthese. Mineralstoffe helfen Pflanzen aber bei sehr vielen Funktionen: beim Ablauf der Fotosynthese oder bei der »Verwaltung« von Energie und von Wasser. Sie sorgen für attraktive Früchte und intakte Blätter. Wenn zum Beispiel die jungen Blätter einer Pflanze gelb bis weißlich gefärbt sind, hat sie vermutlich zu wenig Schwefel aufgenommen. Braune Flecken an grünen Tomatenfrüchten zeigen Calciummangel an.

ab: Mithilfe von Blattgrün (Chlorophyll) und Sonnenlicht entsteht aus Wasser Sauerstoff (O_2). Aus Wasser und Kohlendioxid entsteht Traubenzucker (Glukose). Daraus werden weitere Kohlenhydrate gebaut und für die Versorgung der Pflanze gespeichert.

Als Samengärtner muss man also für kräftiges Blattwerk sorgen, wenn Pflanzen vitale Samen bilden sollen. Bei Tomaten zum Beispiel sollte man nicht den Großteil der Blätter kappen, und Mangoldpflanzen für die Samengewinnung sollte man nur sparsam beernten.

Samen und Keimung

Der Same birgt bereits die gesamte Pflanze mit Wurzeln, Sprossachse und Blättern. Umhüllt von der harten Samenschale, die vor Fressfeinden schützt, und eingebettet in ein Nährgewebe, verharrt der Pflanzenembryo im Ruhestadium, bis die Wachstumsbedingungen günstig sind. Dafür gibt es verschiedene Kriterien: Taglänge, Lichtstärke, Temperatur oder Feuchtigkeit. Manche Pflanzen vertragen auch Extreme; die Samen des Schmalblättrigen Weidenrösleins zum Beispiel überstehen selbst Waldbrände. Samen werden durch Frost und Eis nicht zerstört: Samen aus tiefgefrorenen Tomaten sind keimfähig, und Pastinakensamen, deren Lebensdauer maximal zwei Jahre beträgt, macht man durch Tiefkühlen länger haltbar.

Durch ausreichendes Gießen quellen die Samen auf, bis der sogenannte Quelldruck im Innern so stark ist, dass die harte Samenhülle platzt. Sobald die Samenhülle offen ist, wird der Stoffwechselprozess der neuen Pflanze aktiviert: Die ersten, flügelartigen, ziemlich dicken Blätter sind die Keimblätter, regelrechte Vorratsspeicher, aus denen die Jungpflanze Energie und Mineralstoffe bezieht, solange sie weder Laubblätter für die Fotosynthese noch Wurzeln für die Mineralstoffaufnahme aus

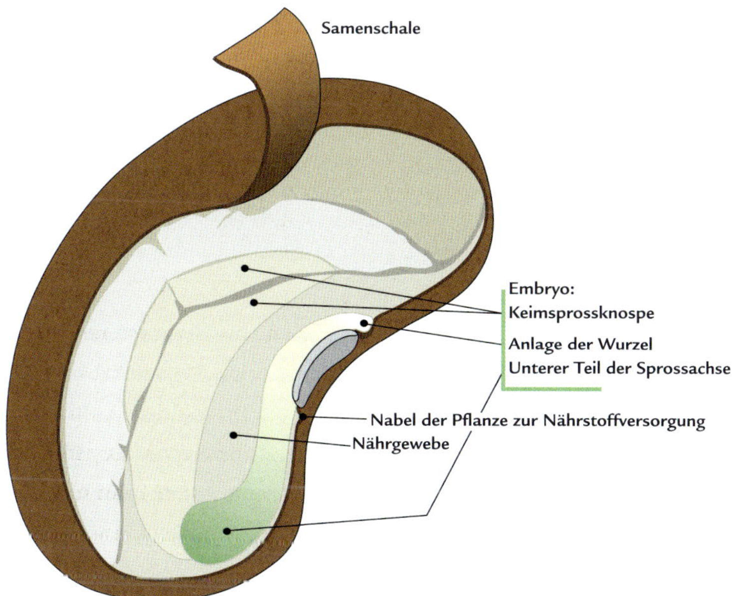

dem Boden besitzt. Die Keimblätter sitzen am Stängel, der zum Licht nach oben wächst und an dem sich auch das erste Paar Laubblätter entfaltet. Die Wurzeln streben vom Licht weg und wachsen nach unten; dabei spielt es keine Rolle, wie der Samen in der Erde liegt.

Gießen muss man die Jungpflanzen, weil sie Nährstoffe aus den Keimblättern und später aus der Erde nur aufnehmen können, wenn diese in Wasser gelöst sind.

Häufig gestellte Fragen

Das Wichtigste vorab: Wer mit der Samengärtnerei anfängt, sollte es sich erst mal leicht machen. Bei den Pflanzenporträts und in der Tabelle auf Seite 162 ff. finden Sie vermerkt, welche Pflanzen schwierig zu vermehren sind – gewöhnlich diejenigen, die erst im zweiten Vegetationsjahr Samen bilden, die man also überwintern muss. Dazu brauchen Sie einen Raum mit einer Temperatur und einer Luftfeuchtigkeit, die der jeweiligen Pflanze entsprechen – Details finden Sie beim Porträt. Ist diese Überwinterungsmöglichkeit nicht gegeben, sollten Sie für die Samengewinnung lieber einjährige Pflanzen auswählen oder solche, die im Freiland überwintern können. Wer genügend Platz zur Verfügung hat, kann auch ein Gewächshaus nur für die Pflanzenvermehrung reservieren (siehe unten).

Zucht oder Vermehrung?

Da gibt es einen wesentliche Unterschied: Pflanzenzucht ist ein Fulltimejob, der Expertenwissen erfordert. Es kommt unter anderem auf Ertragssicherheit, das Entwickeln neuer, den Umweltbedingungen angepasster Sorten und auf die Weiterentwicklung der Formenvielfalt unserer Nutzpflanzen an. Dazu müssen samenbürtige, über den Samen übertragbare Krankheiten behandelt, Verkreuzungsmöglichkeiten reduziert und Sortenechtheit bewahrt werden. All das ist dem Hobbysamengärtner kaum möglich: Für die Heißwasserbeize gegen Krankheiten braucht man entsprechende Gerätschaften. Verkreuzungen kann man oft nur durch Isolation ausschließen – etwa durch einen Isoliertunnel oder entsprechende Gartengestaltung. Pflan-

Gemüsefenchel, der sich mit Gewürzfenchel verkreuzt, eignet sich für die Permakultur.

Radicchio und Zuckerhut verkreuzen sich mit Wegwarte und blühen genauso schön.

zenvermehrung dagegen gelingt auch uns Hobbygärtnern und ist Thema dieses Buches: Wie wir möglichst einfach möglichst viele verschiedene Gemüse-, Salat- und Kräuterpflanzen für uns selbst und zum Eintauschen mit Freunden vermehren können.

Kann man Verkreuzungen vermeiden?

Nein, zumindest nicht als Hobby-Samengärtner. Denn die meisten Samenpflanzen gehören zu den Fremdbefruchtern, deren Pollen von Insekten oder vom Wind übertragen werden. Für Sortenreinheit müssten die Pflanzen isoliert werden, was im Privatgarten meist nicht möglich ist. Nach meiner Erfahrung sind es vor allem Kreuzblütler, Doldenblütler und Kürbisgewächse, die sich verkreuzen – manche leider bis zur Ungenießbarkeit. Kohlrüben, die sich mit Raps verkreuzen, kann man nicht mehr essen. Salatrucola, aus der im nächsten Jahr Wilde Rucola wächst, schmeckt nur etwas schärfer, dennoch sehr gut. Möhren, die dann als Wilde Möhren mit kräftiger und nicht mehr so saftiger Wurzel wachsen, sind sogar besonders nährstoffreich. Fenchel kann ein Problem sein, weil sich Gemüse- und Gewürzsorte nahezu unvermeidlich kreuzen. Deshalb baue ich in der zweijährigen Vegetationsperiode immer nur eine Sorte an; die Samen sind ja lange genug keimfähig. Das gilt auch für Zuckerhutsalat und Radicchio, die sich wieder mit ihrer Ahnfrau Wegwarte verkreuzen und dann wunderschön blühen – zur Freude der Bienen, denen man inzwischen unbedingt ausreichend Nahrung bieten muss. Wegwartenblätter können Sie vor der Blüte auch als Salat(zutat) verwenden. Kürbis und Zucchini gelten zwar als wenig anfällig für Verkreuzungen, doch nach meiner Erfahrung ist die aufwändige Handbestäubung besser; Details dazu finden Sie bei den entsprechenden Pflanzenporträts.

Wie ernten?

Immer so, dass möglichst wenig verloren geht. Bei Doldenblütlern, Korbblütlern und Kreuzblütlern fallen reife Samen oft schon ab, wenn man die Samenstände ernten will. Deshalb schneide ich Dolden, Schötchen und Fruchtstände über einem Korb ab, den ich mit einem weißen oder zumindest hellen Tuch ohne Muster ausgelegt habe.

Bei Hülsenfrüchten schneide ich die Ranken ab und sammle sie je nach Menge in einem großen Korb oder in der Schubkarre. Wenn Sie genügend Platz zum Beispiel auf einem sonnigen Balkon haben, schneiden Sie die Hülsen ab, breiten sie diese auf Tüchern aus und lassen sie tagsüber an der Luft trocknen. Sie können die Ranken auch von den Blättern befreien und zusammengebunden im Gewächshaus aufhängen. Sobald sie so trocken sind, dass sie rascheln, pulen Sie die Samen aus den Hülsen und

Feuchte Samen schimmeln.

Kaffeefilter sind praktische Samentütchen.

trocknen sie, bis sie hart sind. Bei Erbsen und manchen Bohnensorten werden die Samen mehr oder weniger schrumpelig.

Wie trocknen?

Gewöhnlich lässt man die Samenträger so lange an der Pflanze, bis sie ziemlich trocken sind: Doldenblütler und Bohnenhülsen verfärben sich, Schoten platzen auf – Details finden Sie beim jeweiligen Pflanzenporträt. Ernten sollte man auch nicht morgens, solange noch Tau auf den Pflanzen liegt. Die einzelnen Samen müssen ebenfalls trocknen, damit sie nicht schimmeln, ihre Keimfähigkeit verlieren oder ganz einfach verderben. Deshalb lässt man alle Samen auch nach dem Verlesen noch flach ausgebreitet auf einem Bogen Papier, in einem Karton oder auf einem Tuch zwei bis drei Tage trocknen, allerdings nicht in der Sonne. Beachten Sie bitte, dass es je nach Pflanze und Samengröße Tage bis Wochen dauern kann, bis Saatgut wirklich trocken genug zum Aufbewahren ist.

Wie reinigen?

Einige Samen müssen Sie »putzen«: Von Tomaten- und Gurkensamen zieht man die gallertartigen Häutchen ab, von Kürbis und Zucchini das watteartige Gewebe, von Möhrensamen die »Wimpern«, von Pastinaken und Fenchel die Stielchen. Die Samen trocknen dann besser und halten länger. Winzige Möhren- oder Salatsamen lassen sich gleichmäßiger aussäen.

Siebe mit verschiedenen Maschengrößen zum Reinigen gibt es zu kaufen. Doch man braucht sie nur, wenn man größere Samenmengen reinigen will. Sonst reicht gründliches Verlesen mit der Hand. Das hat auch den Vorteil, dass Sie kranke oder taube Samen gleich an der Farbe oder Größe erkennen.

Wie aufbewahren?

Besonders praktisch finde ich kleine Fläschchen, Gewürz- oder Marmeladengläser mit Deckel, in denen die Samen vor Schädlingen und Feuchtigkeit geschützt sind. In manchen Hotels bekommt man zum Frühstück die Konfitüre in Minigläsern, bestimmte Vitaminpräparate werden flüssig in Arzneifläschchen verkauft – alle diese Gefäße sollten Sie für Ihre Samenzucht sammeln, vor Gebrauch in Wasser auskochen und dann an der Luft trocknen lassen. Solche Behälter kann man gut beschriften, übersichtlich anordnen und jahrelang verwenden, wenn man sie regelmäßig wieder auskocht.

Für glatte Samen einer Gemüsesorte, wie zum Beispiel Zwiebeln, Radieschen, Rettich oder Rucola, eignen sich Teefiltertütchen, die man zubinden und aufhängen kann. Unpraktisch sind diese Tütchen für raue/flaumige Samen, zum Beispiel von Möhren, Roter Bete oder Pastinaken, weil sie an den Tüten haften, sodass man sie schlecht entnehmen kann.

Wie beschriften?

Gemüseart, Sorte und Datum der Samenernte müssen Sie grundsätzlich auf den Etiketten der Fläschchen oder auf den Samentütchen vermerken. Hilfreich sind weitere Infos wie Herkunft (»von Julia«), Anbau (»gedeiht im Topf am besten«) oder Verwendung (»gut für Sauce«), denn vor allem bei Kürbis, Tomaten oder Paprikaschoten gibt es ja unterschiedliche Zubereitungsarten und auch die entsprechenden Sorten dazu. Details finden Sie beim jeweiligen Pflanzenporträt.

Pflege/Kontrolle der Samen

Das/Die Fläschchen nach drei bis vier Wochen mal schütteln: Zu feuchte Samen haften aneinander. In diesem Fall zuerst die Geruchsprobe machen. Riechen die Samen muffig, sind sie vermutlich bereits mit Pilzen infiziert, und man muss sie wegwerfen.

Sind sie noch in Ordnung, werden sie in einem warmen, trockenen Raum auf einem Tuch oder auf Küchenpapier ausgebreitet und nachgetrocknet.

Die Aussaat

Pflanzen, die Sie vorziehen wollen, brauchen zum Keimen nährstoffarme Aussaaterde. Der Same enthält ja alle wesentlichen Substanzen für die Keimung, und mit zusätzlichen Nährstoffen kann er verkümmern. Die Erde können Sie kaufen oder selbst zu gleichen Teilen aus Maulwurfserde, feinem Sand und ungedüngter Gartenerde mischen. Pflanzen für Direktsaat säen Sie gleich in die entsprechend vorbereiteten Beete oder Töpfe. Details finden Sie beim jeweiligen Pflanzenporträt.

Samenzucht auf der Fensterbank

Der richtige Platz für die Anzucht der Samen sollte hell, luftig und warm sein. Falls Sie über keinen eigenen Raum für die Samenzucht verfügen, ist ein sonniges Südfenster oder ein Dachgeschoss mit Oberlicht ideal. Stellen Sie die Anzuchtschalen so nah wie möglich ans Fenster, damit die Sämlinge genügend Licht bekommen. Denn je dunkler ein Platz ist, desto längere Stängel bilden die Jungpflänzchen aus, weil sie sich ans Licht recken wollen. Aufgrund dieses unnatürlichen Längenwachstums entwickeln sich schwache Pflanzen, die sich nicht für die Samengewinnung eignen.

Jungpflänzchen pikieren

Bei Reihensaat oder breitwürfiger Saat gehen immer mehr Pflanzen auf, als wachsen können. Sobald sich außer den beiden Keimblättchen noch Laubblättchen zeigen, können Sie die Pflanzen vereinzeln, das heißt pikieren. Da man Salat und fast jedes Gemüse roh essen kann, zupfen Sie alles aus, was zu dicht steht, und verwenden die Blättchen wie frische Kräuter.

Vorgezogene Pflänzchen in Anzuchtschalen werden ebenfalls in größere Töpfe verpflanzt, sobald sie auch Laubblättchen tragen.

Die Pflanzen richtig füttern

Jungpflanzen brauchen die Erde, die ihrem Mineralstoffbedarf als Starkzehrer, Mittelzehrer oder Schwachzehrer entspricht. Dieser Bedarf ist sehr wichtig, damit die

Pflanzen kräftig wachsen und vitale Samen bilden. Manche Pflanzen, wie zum Beispiel der Blumenkohl, müssen auch möglichst rasch wachsen, um innerhalb der Vegetationsperiode nicht nur als Gemüse zu reifen, sondern auch Samen zu entwickeln.

Zuckerhutpflanze mit Blütentrieb, die im Gewächshaus überwintert hat.

Gewächshaus für die Samengärtnerei?

Falls genügend Platz zur Verfügung steht, hat das nur Vorteile: Sie können die Pflanzen im Gewächshaus vorziehen, die meisten zweijährigen Pflanzen auch überwintern und etwas besser vor Verkreuzungen schützen als im Freiland. Auch Pflanzen, die als Gemüse fürs Gartenbeet bestimmt sind, wie Rettich, Chinakohl oder Endiviensalat, können Sie für die Samenzucht in Töpfen anbauen und ins Gewächshaus stellen. Sie sparen sich dann das Ausgraben im Herbst. Im Frühling kommen diese Pflanzen dann zum Blühen und Fruchten ins Freiland. Pflanzen, die beim Überwintern dunkel stehen sollten, bekommen eine Haube aus Mulchvlies: Dazu einfach drei bis vier Stäbe in die Töpfe stecken und das Vlies darüber breiten, damit die Pflanzen noch genügend Luft bekommen.

Allerdings vertragen sich nicht alle Arten miteinander – siehe dazu bitte bei den Pflanzenporträts den Punkt »Mischkultur«. Doch da Samen über Jahre keimfähig sind, baut man eben Jahr für Jahr nur gute Nachbarn zusammen an, und das erfordert nicht einmal viel Organisation.

Praxis der Samengärtnerei

Was wir in unseren Hausgärten, auf dem Balkon und der Terrasse anbauen, können wir auch selber vermehren. Die Anleitung dazu finden Sie im folgenden Kapitel anhand ausführlicher Porträts von mehr als 80 Nutzpflanzen.

Pflanzen und ihre Vermehrung

Wir Samengärtner tragen entscheidend dazu bei, die natürliche Vielfalt unserer Kulturpflanzen zu erhalten. Wir bauen unsere Lieblingssorten an Gemüse, Salat und Kräutern an und wirtschaften viel preiswerter als beim regelmäßigen Zukauf von Jungpflänzchen und Samen. Aus meiner eigenen Erfahrung habe ich die Porträts der Pflanzen einschließlich unterschiedlicher Arten und Sorten zusammengestellt. Und dabei ganz bewusst auf drei unserer Nahrungspflanzen verzichtet: Kartoffeln, Spargel und Zuckermais.

Kartoffeln können Sie ganz einfach vegetativ vermehren, indem Sie einige Knollen bis zum Frühling aufheben und ab Mitte April in die Erde legen – die genaue Anleitung aufgrund meiner eigenen Erfahrungen habe ich in meinem Buch »Die 156 besten Rezepte für Selbstversorger«, erschienen im Kopp Verlag, aufgeschrieben. Allerdings bauen sich Kartoffeln innerhalb von drei bis vier Jahren so ab, dass der größte Teil der Ernte verloren gehen kann. Dann muss man sich bei Biobetrieben neue Pflanzkartoffeln besorgen – siehe Adressen ab Seite 186. Die Vermehrung der Kartof-

feln durch Samen ist für den Hobbygärtner sehr kompliziert, denn Kartoffelsorten verkreuzen sich untereinander, und selbst, wenn man Saatgut gewinnt, weiß man bei der Aussaat dann nicht, welche Sorte aus den Samen wächst oder ob es überhaupt eine geschmacklich ansprechende Sorte ist. Deshalb müssen Kartoffeln für die generative Vermehrung so isoliert werden, dass Verkreuzungen ausgeschlossen sind, und das ist bei privater Samengärtnerei fast unmöglich. Auch mir ist die generative Vermehrung von Kartoffeln bis jetzt noch nicht gelungen, sodass ich Ihnen dazu keine praktische Erfahrung bieten kann.

Spargel braucht speziellen Boden, damit er nicht nur wächst, sondern auch gut schmeckt. Der Anbau ist zwar einfach, doch recht aufwändig, und die Ernte von weißem Spargel erfordert einiges Geschick. Zudem kommt es in Spargelgebieten mit der richtigen Bodenbeschaffenheit immer wieder zu Schädlingsbefall, sodass man die Jungpflanzen mit Kupferpräparaten spritzen muss.

Zuckermais ist für uns Hobbygärtner kaum zu vermehren, denn durch den extensiven Anbau von Futtermais als Energiepflanze kann man Sortenreinheit praktisch nicht erreichen: Maispollen werden durch den Wind verbreitet und fliegen kilometerweit. Der Mais in unseren Gärten kreuzt sich also mit Handelssorten. Nur mit Handbestäubung und räumlicher Isolierung von etwa 150 m pro Sorte sowie mit dem Anbau weitab von Maisfeldern lässt sich gutes Saatgut gewinnen. So viel Platz aber haben die meisten von uns nicht zur Verfügung.

Auch als Samengärtner stellt man manchmal leider fest, dass Arbeit und Mühe das Ergebnis nicht lohnen. Doch diese Selbstbeschränkung kommt dann eben den anderen Pflanzen zugute.

Artischocke

Cynara scolymus · Familie der *Compositae* (Korbblütler)
Starkzehrer · mehrjährig

Auf einen Blick

- Fremdbefruchtung durch Insekten
- Verkreuzung: mit Artischocken- und Kardonensorten
- Vermehrung: generativ durch Samen, vegetativ durch neuen Austrieb; einfach
- Blütezeit: ab September
- Samenernte: am besten im zweiten Vegetationsjahr ab September
- Haltbarkeit der Samen: maximal fünf Jahre
- Direktsaat: nein
- Vorzucht: ja, Mitte Februar bis Mitte März
- Pflanzung: nach Spätfrostgefahr ab Mitte Mai
- Anbau: im Freilandbeet, hoher Platzbedarf
- Boden: tief gelockert, leicht sandig bis schwach lehmig, mit hohem Humusanteil; mit kompostiertem Mist oder Kompost gedüngt
- Bester Standort: sonnig
- Mischkultur: ☺ Feldsalat
  ☹ Mangold, Dicke Bohne
- Permakultur: ja

Artischocken sind mit Disteln verwandt und gedeihen im Garten am besten dort, wo Disteln wachsen. Diese muss man nach der Artischockenpflanzung allerdings regelmäßig jäten, weil sie widerstandsfähiger als ihre edlen Verwandten sind. Obwohl frostempfindlich, überwintern Artischocken auch bei uns, brauchen allerdings speziellen Schutz. Oft wird empfohlen, die Pflanzen auszugraben und in einem frostsicheren Raum zu überwintern. Nach meiner Erfahrung geht es auch so: Die Pflanzen etwa 20 cm hoch zuerst mit kompostiertem Mist oder Kompost, dann mit Laub und etwas Erde abdecken.

Erstaussaat

Samen am besten eintauschen, denn bei uns gibt es im regulären Samenhandel nur runde grüne Artischocken der Sorte »Globe«. Die violette Sorte »Romanesco« schmeckt besser, und ich habe die Samen von Freunden aus Italien bekommen. Andere Möglichkeit: Neuaustriebe pflanzen, die man ebenfalls auf Pflanzenflohmärkten und Gartenmessen eintauschen kann.

Samengewinnung

Am besten sind dafür zweijährige Pflanzen, denn Artischocken brauchen das erste Jahr, um sich kräftig zu entwickeln. Manche blühen zwar schon im ersten Jahr, doch die Samen reifen nicht immer aus.

Für die Samenernte brauchen Sie

- Gartenschere
- Gartenhandschuhe
- Sack aus festem Gewebe
- Nudelrolle oder Gummihammer
- großes helles Tuch

Entnahme der Samen

An verschiedenen Pflanzen jeweils zwei bis drei Blütenstände nicht ernten, sondern blühen lassen. Sobald sie verwelkt sind und sich brauner Flaum bildet, schneidet man sie ab und lässt sie trocknen. Die Blütenköpfe in den Sack geben und mit der Nudelrolle oder dem Hammer bearbeiten, bis sie aufbrechen. Den Blütenkopf mit den Samen auf das Tuch geben und die Samen ausklauben. Dann den nächsten Blütenkopf ausdreschen. Die Samen eine weitere Woche trocknen lassen, dann zum Aufbewahren abfüllen.

Geschichte und Geschichten

Von Kardy gibt es eine Wildform im südwestlichen Mittelmeerraum. Artischocken dagegen sind nur als Kulturpflanzen bekannt: Vielleicht schon bei den Ägyptern, jedenfalls aber bei Griechen und Römern der klassischen Antike, die sie neben Spargel als eines der edelsten Gemüse schätzten – wegen ihres delikaten Geschmacks und ihrer blumenähnlichen, schönen Form. Später wurden die Pflanzen lange Zeit offenbar vergessen und erst in der Renaissance wieder entdeckt: Im 16. Jahrhundert begannen die Italiener mit dem Artischockenanbau.

Achtung

Die Blütenköpfe von Artischocken sind hart und sehr stachelig. Deshalb sollten

Sie mit dicken Gartenhandschuhen arbeiten.

Anzucht der Samen

Die Samen von Artischocken sind sehr hartschalig. Deshalb vor dem Säen mit einer Nagelfeile rundherum leicht abreiben, damit sie schneller keimen. Säen Sie mehr Samen, als Sie Pflanzen brauchen, denn Artischocken keimen nur schwer. Die Keimung erfolgt auch sehr langsam: Erste Blättchen zeigen sich nach etwa vier Wochen.

Auswahl

Die runde grüne »Globe« nimmt man zum Dippen; deshalb sollten Sie für die Vermehrung Pflanzen mit großem, fleischigem Blütenboden und dicken Blättern auswählen. Bei der »Romanesco« spielt das keine Rolle, weil man diese violette, kleinere und junge spitz zulaufende Sorte wie Gemüse zerkleinert braten und schmoren kann. Man erntet sie, wenn die Blütenknospen etwa so groß wie Tischtennisbälle sind.

Arten und Sorten

Kardy *(Cynara cardunculus)*, auch Karde, Kardone, Distelkohl oder Spanische Artischocke genannt, ist eng mit der Artischocke verwandt und wird genau wie diese angebaut und vermehrt, allerdings nur über Samen. Die ausdauernden Pflanzen bilden mächtige Rosetten mit großen, tief geteilten graugrünen Blättern und stacheligen, stark verzweigten Stängeln. Die Blütenköpfe mit grünen Hüllblättern und auffälligen blauvioletten Röhrenblüten sind zwar zahlreicher als von Artischocken, aber kleiner und ohne fleischigen Blütenboden. Deshalb isst man bei Kardonen nur die fleischigen, zarten Blatt- und Blütenstiele.

Aubergine

Solanum melongena · Familie der *Solanaceae* (Nachtschattengewächse)
Mittelzehrer · einjährig

Auf einen Blick

- Andere Namen: Eierfrucht, Melanzani
- Selbstbefruchtung, Fremdbefruchtung durch Insekten möglich
- Verkreuzung: möglich mit anderen Auberginensorten
- Vermehrung: generativ durch Samen; einfach
- Blütezeit: ab Juni
- Samenernte: ab September
- Haltbarkeit der Samen: maximal sechs Jahre
- Direktsaat: nein
- Vorzucht: ja, Anfang Februar
- Pflanzung: im Freiland ab Mitte Mai, im Gewächshaus Mitte April
- Anbau: im Freilandbeet möglich, besser im Gewächshaus, auch im Topf
- Boden: tief gelockert, sandiger Lehm, mit Kompost gedüngt im Freiland, nährstoffreiche Gemüseerde im Gewächshaus
- Bester Standort: sonnig mit hoher Luftfeuchtigkeit
- Mischkultur: ☺ Bohnen und Erbsen ☹ Nachtschattengewächse wie Tomaten und Kartoffeln
- Permakultur: nein

Auberginen sind mehrjährige Pflanzen und das einzige Gemüse aus der Familie der Nachtschattengewächse, das aus der Alten Welt kommt; Paprika, Tomaten etc. stammen alle aus Mittel- und Südamerika. Sowohl wilde als auch erste kultivierte Auberginen gab es vermutlich im tropischen Indien; dort findet man noch heute die größte Vielfalt an Sorten. Bei uns ist das Klima für Freilandanbau oder gar Permakultur zu rau, und obwohl es Freilandsorten gibt, gedeihen die Auberginen für Fruchtansatz und Samengewinnung nach meiner Erfahrung im Gewächshaus mit hoher Luftfeuchtigkeit und konstanter Durchschnittstemperatur um 20 °C am besten.

Erstaussaat

Samen bei Öko-Sämereien kaufen oder eintauschen. Andere Möglichkeit: Einige Pflanzen beim Biogärtner kaufen und die Samen wie unten beschrieben auslösen.

Samengewinnung

Die Pflanzen während der Blüte immer wieder sanft schütteln, damit die

Befruchtung klappt. Für die Samengewinnung lässt man pro Pflanze nur zwei Triebe mit jeweils zwei Früchten stehen. Sobald die Früchte weich werden und sich verfärben, reifen die Samen. Weiße Früchte werden goldgelb, lila Früchte färben sich schmutzig lilabraun, und grüne Auberginen werden gelbgrün wie überreife Gurken.

Für die Samenernte brauchen Sie

- Gartenhandschuhe oder Haushaltshandschuhe
- Gartenschere
- Messer
- Teelöffel
- Schälchen mit kaltem Wasser zum Auswaschen
- dünnes Tuch zum Trocknen

Tipp

Auberginen, die sich noch nicht verfärbt haben und trotzdem geerntet werden sollten, können Sie für die Samenentnahme an einem warmen, luftigen Ort nachreifen lassen.

Entnahme der Samen

Die überreifen, verfärbten Früchte abschneiden, längs halbieren und in Spalten schneiden. Die kleinen Samen mit einem Teelöffel oder einer Messerspitze aus dem Fruchtfleisch kratzen und im Wasser reinigen, bis kein

Fruchtfleisch mehr an den Samen haftet. Die Samen nun nebeneinander auf ein Tuch legen und trocknen lassen. Dabei immer wieder vom Tuch lösen und an eine andere Stelle legen, damit sie nicht feucht liegen, sondern möglichst rasch trocknen. Dann zum Aufbewahren in Fläschchen oder Tüten füllen.

Achtung

Viele Auberginenpflanzen tragen an Stängeln und an den Kelchblättern der Früchte feine Stacheln, die sich schon bei leichter Berührung in die Haut bohren und ziemlich schmerzhaft sind. Deshalb beim Ernten unbedingt Handschuhe tragen und bei der Entnahme der Samen zuerst Stiel und Kelchblätter abschneiden.

Anzucht der Samen

Auberginensamen sind etwa so groß wie die von Tomaten und können einzeln ausgesät werden: In etwa drei Finger breitem Abstand etwa fingernageltief in die Erde drücken. Die Anzuchtschale(n) an einen warmen, hellen Ort stellen. Für die Dauer der Keimung spielt die Temperatur eine große Rolle: Bei 25 °C zeigen sich die Blättchen nach etwa drei Wochen. Auberginen wachsen sehr langsam und sollten nach dem Pikieren keinen Kälteschock abbekommen.

Geschichte und Geschichten

Der Name Eierfrucht kommt von den weißen, eiförmigen Sorten, Aubergine übers Französische aus dem Persischen: *bademdschun* heißt Aubergine. Den Namen Melanzani hat Leonhart Fuchs (1501–1566) geprägt, der in seinem Kräuterbuch, erschienen 1543 in Basel, die Aubergine zum ersten Mal in Europa abgebildet und beschrieben hat. Fuchs zeigt grüne, kleine und eiförmige Früchte und nennt die noch ziemlich unbekannte Pflanze Melanzan, und das kommt von *mala insana*, zu Deutsch: ungesunde Äpfel. Medizinisch weiß er die »Äppfel« nicht einzuordnen, zählt stattdessen Zubereitungsarten auf, wie wir sie auch heute kennen – und warnt davor: »Doch solches Essen mögen nur Leckermäuler, die sich nicht darum kümmern, wie gesund es ist … Wer gesund leben will, sollte sich vor dieser Frucht hüten …«

Deshalb erst ins Gewächshaus stellen, wenn auch dort konstant etwa 20 °C herrschen.

Auswahl

Es gibt bei Auberginen viele Fruchtformen und unterschiedliche Farben. Die Frucht sollte nur so viele Bitterstoffe enthalten, dass sie aromatisch schmeckt. Die Fruchthaut sollte zart und der Ertrag an einer Pflanze möglichst hoch sein.

Echtes Barbarakraut

Barbarea vulgaris · Familie der *Cruciferae* (Kreuzblütler)
Mittelzehrer · zweijährig

Auf einen Blick

- Andere Namen: Winterkresse, Barbenkraut
- Fremdbefruchtung durch Insekten
- Verkreuzung: –
- Vermehrung: generativ durch Samen, vermehrt sich selbst
- Blütezeit: zweites Vegetationsjahr ab April
- Samenernte: zweites Vegetationsjahr ab August
- Haltbarkeit der Samen: maximal drei Jahre
- Direktsaat: ja, Anfang Juli bis August
- Vorzucht: nein
- Anbau: Freilandbeet, großer Blumentopf
- Boden: tief gelockert, sandiger Lehm, nährstoffreich
- Bester Standort: halbschattig bis sonnig
- Mischkultur: ☺ Feldsalat, Winterportulak, Topinambur ☹ Kreuzblütler wie Rucola, Kresse oder Radieschen
- Permakultur: ja

Barbarakraut ist eine zweijährige Pflanze, die im ersten Jahr nur das Kraut bildet: Die Blätter sind stark eingebuchtet und erinnern an Rucola, sind allerdings im oberen Abschnitt meist so breit wie ein Löffel. Im zweiten Vegetationsjahr wächst der kantige, verzweigte Stiel bis zu 30 cm hoch mit eiförmigen, gezähnten Blättern und lockeren, traubenförmigen Blütenständen. Die gelben Blüten sehen aus wie die der verwandten Pflanzen Rucola (Seite 126) und Raps.

Erstaussaat

Samen bei Ökosämereien kaufen oder eintauschen, in nährstoffreiche, feuchte Erde streuen und leicht andrücken.

Für die Samenernte brauchen Sie

- Gartenhandschuhe
- Gartenschere
- große Papiertüte

Samengewinnung und Entnahme der Samen

- Die Pflanzen im zweiten Vegetationsjahr blühen und fruchten lassen, bis sich die Schoten verfärbt haben und so dürr sind, dass sie rascheln.
- Die Samenstände an einem möglichst trockenen Tag abschneiden und sofort kopfüber in eine große Papiertüte stecken. In einem warmen, luftigen Raum drei Tage nachtrocknen lassen.
- Samen von den Dolden streifen und eine weitere Woche trocknen lassen, dann zum Aufbewahren in Tüten oder Fläschchen füllen.

Geschichte und Geschichten

Den botanischen Name »Barbarea« verwendet erstmals der Schweizer Arzt und Botaniker Johann Bauhin (1541–1612). Vermutlich gehen alle deutschen und lateinischen Bezeichnungen auf die heilige Barbara zurück. Dafür gibt es zwei Erklärungen: Als eine der 14 Nothelfer sollte Barbara vor schweren Krankheiten schützen; der hohe Vitamin-C-Gehalt »ihres« Krautes bewahrte vor Skorbut, als es bei uns noch keine Zitrusfrüchte gab. Und: Die Winterpflanze Barbarakraut kann man auch am Barbaratag, dem 4. Dezember, ernten.

Permakultur

Die Pflanzen werfen reichlich Samen ab und vermehren sich von selbst, oft sogar wie Wildkräuter im ganzen Garten. Im Gewächshaus treibt Barbarakraut wieder aus, wenn Salat und Sommergemüse geerntet sind.

Tipp

Barbarakraut gehört wie seine Mischkulturpartner Feldsalat, Winterportulak und Topinambur zu den besten und gesündesten Gemüse- und Salatpflanzen für die kalte Jahreszeit.

Basilikum

Ocimum basilicum · Familie der *Lamiaceae* (Lippenblütler)
Mittelzehrer · einjährig oder mehrjährig

Auf einen Blick

- Andere Namen: Basilienkraut, Königskraut
- Fremdbefruchtung durch Insekten
- Verkreuzung: Basilikumsorten untereinander
- Vermehrung: generativ durch Samen, vegetativ durch Stecklinge, schwierig
- Blütezeit: ab Juli
- Samenernte: ab Oktober
- Haltbarkeit der Samen: maximal vier Jahre
- Direktsaat: nein
- Vorzucht: ja, ab Mitte Februar
- Pflanzung: nach Spätfrostgefahr ab Ende Mai
- Anbau: im Freilandbeet möglich, im Blumentopf am besten
- Boden: tief gelockert, leicht sandig bis schwach lehmig, mit hohem Humusanteil
- Bester Standort: sonnig, windgeschützt
- Mischkultur: ☺ Tomaten, Zwiebeln, Knoblauch
- Permakultur: nein

Basilikum blüht sehr üppig im Sommer, doch die Samenbildung beginnt in unserem Klima eher zögerlich. Das Mittelmeerkraut braucht sehr viel Sonne und Wärme, damit sich aus den bis zu 60 cm hohen Blütenständen mit – je nach Sorte – weißen oder rosa Blüten auch Samen entwickeln. Basilikum gedeiht im Freilandbeet, muss jedoch ständig vor Schnecken geschützt werden, mag keinen Wind und braucht Wärme und Feuchtigkeit. Deshalb ist der Anbau im Frühbeet, im Hochbeet oder in großen Töpfen auf Terrasse oder Balkon viel einfacher.

Erstaussaat

Samen oder Pflänzchen bei Ökosämereien kaufen oder eintauschen.

Samengewinnung

Die Pflanzen einzeln, nicht in Büscheln setzen (siehe Anzucht der Samen) und den ganzen Sommer über an einen sonnigen Platz stellen oder pflanzen, damit sie möglichst üppig blühen. Vor allem während der Blüte regelmäßig, doch sparsam gießen: Basilikum braucht feuchte Erde, verträgt jedoch keine Staunässe, sonst fault es von den Stängeln aufwärts. Die Blätter an den Blütenständen sollten Sie nicht ernten, denn das verhindert die Blüte.

Vermehrung durch Stecklinge

Diese vegetative Vermehrung gelingt nur bei mehrjährigem Strauchbasilikum (siehe unten): Entweder im Herbst einen kräftigen Endtrieb oder im Frühjahr einen Trieb nahe am Wurzelstock abschneiden und wie Blumen ins Wasser stellen. Sobald sich nach etwa drei Wochen Wurzeln gebildet haben, das Jungpflänzchen in nährstoffreiche Erde setzen.

Für die Samenernte brauchen Sie

- Gartenschere
- Tablett und Tuch

Geschichte und Geschichten

Basilikum kommt vom griechischen Wort *basileús* für König, Fürst und Herrscher. Doch dem widerspricht der Zusatz *ocimum* im botanischen Namen, das mit dem griechischen *ókinon* verbunden wird und nur ein Kraut fürs Vieh bezeichnet. Nach einer anderen etymologischen Herleitung bedeutet es einfach »scharf« oder »würzig«.

Entnahme der Samen

Die Pflanzen auch im Herbst an einem sonnigen, warmen Platz stehen lassen, bis die Samenstände möglichst trocken sind. An einem trockenen Tag abschneiden und nebeneinander auf einem Tablett mit einem Tuch ausbreiten. In einem warmen, luftigen Raum, jedoch nicht in der Sonne noch drei Tage nachtrocknen lassen. Dann durch Reiben aus den Samenhüllen lösen und weitere zwei Tage trocknen lassen. Zum Aufbewahren in Fläschchen oder Tüten füllen.

Anzucht der Samen

Basilikumsamen in eine Schale mit feuchter Anzuchterde ausstreuen und gut andrücken. Nicht mit Erde abdecken, denn Basilikum ist ein Lichtkeimer. Warm stellen und die jungen Pflänzchen einzeln (für die Samengewinnung) oder büschelweise (zum Ernten) in nährstoffreiche Erde setzen, sobald sich nach etwa drei Wochen außer den beiden Keimblättern noch Laubblättchen zeigen.

Pflege-Tipp

Basilikumpflänzchen sind sehr zart und neigen nach dem Pikieren zum Umfallen. Deshalb mit einem Salzstreuer etwas feine Holzasche um die Jungpflanzen streuen. Die Pflanzen nun in einem gut temperierten Gewächshaus abhärten und erst endgültig auspflanzen, wenn sie mindestens 20 cm hoch gewachsen sind.

Auswahl

Es gibt so viele Basilikumsorten, dass man nur nach Aroma und Widerstandfähigkeit auswählt.

- Strauchbasilikum-Sorten wachsen zu buschigen Pflanzen mit eher kleinen Blättern heran und können an einem hellen, warmen Platz überwintern; diese Sorten können Sie sowohl durch Stecklinge als auch durch Samen vermehren.
- Wildes Basilikum *(Ocimum canum var. basilicum)* vermehrt man nur durch Stecklinge.
- Für die Samenvermehrung eignen sich die meisten Sorten: Besonders ertragreich ist einjähriges großblättriges Salatbasilikum, besonders aromatisch schmeckt Grünes Tulsi. Anisbasilikum und Limonenbasilikum passen zu Süßspeisen. Für Tee eignen sich Zimtbasilikum und Ostindisches Baumbasilikum, für asiatische Gerichte nimmt man Thai-Basilikum oder Zitronenbasilikum.

Blumenkohl

Brassica oleracea var. botrytis · Familie der *Cruciferae* (Kreuzblütler)
Starkzehrer · einjährig

Auf einen Blick

- Andere Namen: Blütenkohl, Karfiol
- Fremdbefruchtung durch Insekten
- Verkreuzung: mit allen Sorten der Art *Brassica oleracea*
- Vermehrung: generativ durch Samen, sehr schwierig
- Blütezeit: im Juli und August
- Samenernte: möglich ab September
- Haltbarkeit der Samen: maximal sechs Jahre
- Direktsaat: ja, nur für Gemüse Mitte April bis Ende Juni
- Vorzucht: für Samengewinnung Anfang Januar bis Anfang Februar
- Pflanzung: Ende März bis Anfang April, mit Vlies vor Spätfrost schützen
- Anbau: im Beet
- Boden: tief gelockert, sandiger Lehm mit hohem Humusanteil, mit kompostiertem Mist oder Kompost gedüngt
- Bester Standort: sonnig
- Mischkultur: ☺ Sellerie, Salat, Erbsen, Kartoffeln, Tomaten
  ☹ Zwiebeln, Senf und alle Sorten der Art *Brassica oleracea*
- Permakultur: nein

Anders als seine Verwandten Weißkohl, Rotkohl und Wirsing ist Blumenkohl einjährig und blüht schon im ersten Vegetationsjahr. Dennoch gelingt die Samengewinnung nicht immer: Botanisch gesehen ist Blumenkohl als Gemüse nämlich keine Blume, noch nicht einmal eine Knospe. Die Hauptachse des Blütenstandes verdickt sich erst zu einer fleischigen Masse und verharrt in diesem Stadium nur wenige Tage. Wird der Kohl jetzt nicht geerntet, lockert sich der Kopf, und es bildet sich ein strauchartiger Blütenstand.

Geschichte und Geschichten

Die wilden Vorläufer unserer Kohlpflanzen wuchsen an Atlantik und Mittelmeer. Aufgrund des Formenreichtums nimmt man an, dass Kulturkohl nicht nur einen Stammvater hatte, sondern aus vielen Wildpflanzenarten der Kohlfamilie hervorgegangen ist. Blumenkohl war im antiken Griechenland offenbar noch nicht bekannt, denn Theophrast (371–287 v. Chr.) beschreibt nur Blätterkohl. Gesicherte Nachrichten stammen erst aus dem Rom der Kaiserzeit.

Erstaussaat

Pflänzchen oder Samen Ihrer Wahl bei Ökosämereien kaufen oder eintauschen.

Falls Sie Winterblumenkohl bekommen, ist die Samengewinnung einfacher, denn diese Traditionssorte blüht bereits im Juni.

Verkreuzungstipp

Zu den Sorten der Art *Brassica oleracea* gehören: Außer Blumenkohl auch Rosenkohl, Grünkohl, Markstammkohl, Ewiger Kohl, Weißkohl, Rotkohl, Wirsing, Brokkoli und Kohlrabi. Alle diese Sorten muss man für die Samenvermehrung einzeln kultivieren, damit sie sich nicht verkreuzen.

Samengewinnung

Sie hängt von der Witterung ab, denn Blumenkohl reagiert höchst empfindlich auf Nässe und Hitze: Sobald er erntereif ist, muss man alle Pflanzen für die Samengewinnung vor Regenwasser schützen, sonst kann die »Blume« faulen, bevor sich die Blüten entwickeln. An kühlen Tagen deckt man die Pflanzen mit Vlies ab, das man bei Hitze wieder entfernt. Im Sommer muss man die Pflanzen auch regelmäßig gießen. Schließlich bilden sich zahlreiche, gelbe, essbare Blüten, die nach und nach zu Schoten mit Samen reifen.

Für die Samenernte brauchen Sie

- Gartenhandschuhe
- Gartenschere
- Papiertüte

Entnahme der Samen

- Ernten Sie jede Schote, die sich hellgrau bis braun verfärbt hat, denn Samenreife ist bei Blumenkohl eben leider nicht selbstverständlich. Bei günstiger Witterung dauert der Reifevorgang unterschiedlich lange, und dann können Sie auch mehrmals ernten. Beginnen die Schoten zu rascheln, springen sie auf, und die Samen fallen zu Boden.
- Ernten Sie möglichst an einem trockenen Tag: Die Samenstände mit den reifsten Schoten abschneiden und kopfüber in eine Papiertüte stecken. In einem warmen, luftigen Raum drei Tage nachtrocknen lassen.
- Die braunen runden Samenkörner durch Reiben aus den Schoten lösen.
- Die Samen eine weitere Woche trocknen lassen, dann zum Aufbewahren in Tüten oder Fläschchen füllen.

Anzucht der Samen

Blumenkohl kann man einzeln säen: Die Samen mit einer Pinzette fassen, leicht in die Erde drücken und mit Erde bedecken. An einem warmen Ort keimen, damit sich frühzeitig Pflänzchen entwickeln, deren Blütenstände noch zu Samen reifen.

Auswahl

Bei der Auslese wählt man Pflanzen mit dichter, großer »Blume«, die gut mit Laubblättern bedeckt ist. Die Blätter schützen vor Sonnenlicht, sodass die Blume hell bleibt; sie sind ein mineralstoffreiches Gemüse.

Brokkoli

Brassica oleracea var. italica · Familie der *Cruciferae* (Kreuzblütler)
Mittelzehrer · einjährig

Auf einen Blick

- Andere Namen: Spargelkohl
- Fremdbefruchtung durch Insekten
- Verkreuzung: mit allen Sorten der Art *Brassica oleracea* (siehe Verkreuzungstipp)
- Vermehrung: generativ durch Samen, schwierig
- Blütezeit: im Juli
- Samenernte: möglich ab September
- Haltbarkeit der Samen: maximal sechs Jahre
- Direktsaat: ja, nur für Gemüse Mitte April bis Ende Juni
- Vorzucht: ja, für Samengewinnung Anfang Januar bis Anfang Februar
- Pflanzung: Ende März bis Anfang April; mit Vlies vor Spätfrost schützen
- Anbau: im Beet
- Boden: tief gelockert, sandiger Lehm, mit kompostiertem Mist oder Kompost gedüngt
- Bester Standort: sonnig
- Mischkultur: ☺ Sellerie, Salat, Erbsen, Kartoffeln, Tomaten
  ☹ Zwiebeln, Senf und alle Sorten der Art *Brassica oleracea*
- Permakultur: nein

Brokkoli ist eng mit Blumenkohl verwandt, gewissermaßen sein edler »Bruder«. Anders als beim Blumenkohl besteht die mittlere Brokkoliblume mit dem Blätterkranz schon aus einer Gruppe voll entwickelter Blütenknospen auf verzweigten, fleischigen

Stielen. Neben der Hauptachse bildet der Kohl noch viele Seitentriebe, die ebenfalls mit Blütenknospen besetzt sind und auch nach dem Schneiden des dicken Blütenstandes weiterwachsen. Diese langen, fleischigen Triebe mit lockeren, grünen Röschen heißen Broccoletti, Sprossenbrokkoli, Spargelkohl oder Calabreser Broccoli. Brokkoli blüht früher als Blumenkohl; seine Samen allerdings reifen sehr langsam.

Erstaussaat

Pflänzchen oder Samen Ihrer Wahl bei Ökosämereien kaufen oder eintauschen. Winterbrokkoli gedeiht in milden Regionen und muss beim Überwintern geschützt werden.

Verkreuzungstipp

Zu den Sorten der Art *Brassica oleracea* gehören außer Brokkoli auch Rosenkohl, Grünkohl, Schnittkohl (Scheerkohl), Ewiger Kohl, Weißkohl, Rotkohl, Wirsing, Blumenkohl und Kohlrabi. Alle diese Sorten muss man für die Samenvermehrung einzeln kultivieren, damit sie sich nicht verkreuzen.

Samengewinnung

Sie hängt von der Witterung ab, obwohl die Pflanzen nicht so empfindlich sind wie Blumenkohl. Bei sehr früher Vorzucht Anfang Januar reifen die Samen gewöhnlich im September, falls Brokkoli spätestens im Juli blüht.

Für die Samenernte brauchen Sie

- Stützstäbe und Schnur
- Gartenhandschuhe
- Gartenschere
- Papiertüte

Entnahme der Samen

- Ernten Sie jede Schote, die sich hellgrau bis braun verfärbt hat, und zwar bevor die Schoten zu rascheln beginnen. Dann springen sie auf, und die Samen fallen zu Boden.

Geschichte und Geschichten

Die Kulturpflanze Brokkoli ist vermutlich älter als Blumenkohl, wurde in Italien immer angebaut, im Norden aber vergessen: »Broccoli« in alten deutschen Kochbüchern bedeutet Sprossenkohl: Es sind die kleinen, jungen Triebe von Rosenkohl und Grünkohl, die nach der Überwinterung in den Blattachseln wachsen und ein ausgezeichnetes Gemüse ergeben.

- Ernten Sie möglichst an einem trockenen Tag: Die Samenstände abschneiden und sofort kopfüber in eine Papiertüte stecken. In einem warmen, luftigen Raum drei Tage nachtrocknen lassen.
- Die braunen runden Samenkörner durch Reiben aus den Schoten lösen.

Kohlpflanzen im Beet immer mit anderen Pflanzenarten kombinieren.

- Die Samen eine weitere Woche trocknen lassen, dann zum Aufbewahren in Tüten oder Fläschchen füllen.

Anzucht der Samen

Brokkoli kann man einzeln säen: Die Samen mit einer Pinzette fassen, leicht in die Erde drücken und mit Erde bedecken. An einem warmen Ort keimen, damit sich frühzeitig Pflänzchen entwickeln, deren Blütenstände noch zu Samen reifen.

Auswahl

Bei der Auslese wählt man Pflanzen danach aus, ob man lieber einmal die große dichte Blume oder regelmäßig viele kleine Blümchen ernten will. Rasches Wachstum ist ebenfalls wichtig, damit die Samen innerhalb der Vegetationsperiode reifen. Für Brokkoli als Gemüse sind auch Pflanzen vorteilhaft, die lang im Knospenstadium bleiben und erst spät blühen. Schließlich sollte man auf die Widerstandskraft achten: Stauden, die ständig von Kohlweißlingen besucht werden, eignen sich nicht für die Samenzucht.

Chinakohl

Brassica rapa L. ssp. pekinensis · Familie der *Cruciferae* (Kreuzblütler)
Starkzehrer · zweijährig

Auf einen Blick

- Andere Namen: Japankohl, Chinesischer Kohl, Pekingkohl
- Fremdbefruchtung durch Insekten
- Verkreuzung: mit anderen Sorten der Art *Brassica rapa*
- Vermehrung: generativ durch Samen, sehr schwierig
- Blütezeit: zweites Vegetationsjahr ab Juli
- Samenernte: zweites Vegetationsjahr ab September
- Haltbarkeit der Samen: maximal fünf Jahre
- Direktsaat: nein
- Vorzucht: ja, für Gemüse Anfang Juni bis Anfang Juli; für Samengewinnung Juli bis Mitte August
- Pflanzung: für Gemüse im ersten Vegetationsjahr drei Wochen nach Aussaat; für Samengewinnung im zweiten Vegetationsjahr ab etwa März
- Anbau: für Gemüse im Beet; für Samengewinnung im ersten Vegetationsjahr in Töpfen, im zweiten Jahr im Beet
- Boden: tief gelockert, sandiger Lehm mit hohem Humusanteil, mit kompostiertem Mist oder Kompost gedüngt
- Bester Standort: sonnig
- Mischkultur: ☺ Erbsen, Porree, Salat, Tomaten ☹ Zwiebeln, Senf und alle Sorten der Art *Brassica rapa*
- Permakultur: nein

Chinakohl für die Samengewinnung zu kultivieren ist hierzulande sehr schwierig. Gräbt man die Pflanzen aus

und stellt sie wie Weißkohl ins Winterlager, faulen sie meist oder werden durch Pilzinfektionen verdorben. Die besten Ergebnisse erzielen Sie, wenn Sie Chinakohl spät säen, in Töpfe pflanzen und darin in einem trockenen, dunklen und kühlen, doch frostfreien Raum bei 0 bis 2 °C über den Winter stehen lassen. Je nach Sorte werden die Pflanzen im zweiten Vegetationsjahr bis zu 1,50 m hoch und bilden ab Juli kleine, essbare gelbe Blüten, aus denen nach und nach die Schoten mit Samen reifen.

Erstaussaat

Pflänzchen oder Samen Ihrer Wahl bei Ökosämereien kaufen oder eintauschen.

Verkreuzungstipp

Zu den Sorten der Art *Brassica rapa* gehören außer Chinakohl auch Paksoi, Mizuna, Rübstiel und Rüben. Alle diese Sorten muss man für die Samenvermehrung einzeln kultivieren, damit sie sich nicht verkreuzen.

Samengewinnung

Dafür brauchen Sie zweijährige Pflanzen, die Sie spät im Jahr säen, damit sie klein bleiben. Die Pflänzchen in mittelgroße Töpfe mit nährstoffreicher Erde setzen und frostfrei überwintern, dabei immer wieder mal sehr gießen – die Pflanzen dürfen nicht vertrocknen, doch zu viel Feuchtigkeit fördert Pilzbefall. Sobald die Pflanzen im Frühjahr wieder zu wachsen beginnen, setzt man sie ins Beet und muss sie gegebenenfalls vor Spätfrost schützen. Chinakohl entwickelt im zweiten Vegetationsjahr dicke Strünke, aus denen die Blütenstände und Samenträger wachsen; die Samenbildung ist meist sehr gering.

Pflege der Pflanzen

Chinakohl ist sehr anfällig für Krankheiten, deshalb regelmäßig jede Woche auf Fäulnis und Pilzbefall kontrollieren; kranke Pflanzen müssen Sie wegwerfen.

Für die Samenernte brauchen Sie

- Stützstäbe und Schnur
- Gartenhandschuhe
- Gartenschere
- Papiertüte

Tipp

Chinakohl sollte man während der Blüte und Samenreife wie Tomaten an Stützstäbe binden, damit die Pflanzen nicht umfallen und die Samenstände nicht verderben.

Entnahme der Samen

- Ernten Sie jede Schote, die sich hellgrau bis braun verfärbt hat, denn Samenreife ist bei Chinakohl so schwierig wie bei Blumenkohl. Bei günstiger Witterung dauert der Reifevorgang unterschiedlich lange; Sie können deshalb mehrmals ernten.
- Ernten Sie möglichst an einem trockenen Tag: Die reifsten Samenstände abschneiden und sofort kopfüber in eine große Papiertüte stecken. In einem warmen, luftigen Raum drei Tage nachtrocknen lassen.
- Die runden Samenkörner durch Reiben aus den Schoten lösen.
- Die Samen eine weitere Woche trocknen lassen, dann zum Aufbewahren in Tüten oder Fläschchen füllen.

Anzucht der Samen

Chinakohl kann man einzeln säen: Mit einer Pinzette fassen, leicht in die Erde drücken und mit Erde bedecken. Zum Zeitpunkt der Aussaat im Sommer keimen die Samen innerhalb von etwa acht Tagen.

Auswahl

Man unterscheidet zwischen großen, gelblich weißen und grünen, kleineren Köpfen. Doch eine verlässliche Auslese ist kaum möglich, denn bei den Pflanzen im ersten Vegetationsjahr kann man die Kopfbildung ja nicht beurteilen.

Arten und Sorten

Paksoi *(Brassica rapa var. chinensis)* lässt sich viel einfacher vermehren. Er ist Mittelzehrer und braucht nährstoffreiche, aber nicht stark gedüngte Erde. Paksoi bildet keine Köpfe wie Chinakohl, sondern erinnert mit seiner dicken Rosette aus weißen, flachen Blattstielen an Mangold (Seite 93), der allerdings einer anderen Pflanzenfamilie zuzuordnen ist. Für die Samengewinnung werden die Pflanzen genauso kultiviert und überwintert wie Chinakohl; sie sind jedoch nicht so anfällig für Fäulnis und Infektionen. In milden Regionen kann Paksoi auch geschützt im Freiland überwintern. Er eignet sich als Gemüsepflanze gut für den Herbstanbau, weil er schnell wächst und deshalb immer frisch geerntet werden kann.

Geschichte und Geschichten

Chinakohl ist vermutlich eine Kreuzung aus Paksoi und Speiserübe, soll aus der Provinz Kanton stammen und seit der Tang-Zeit (618–979 n. Chr.) zu den wichtigsten chinesischen Gemüsepflanzen für Herbst, Winter und Frühling gehören.

Dill

Anethum graveolens var. hortorum · Familie der *Umbellieferae* (Doldenblütler) · Mittelzehrer · einjährig

Auf einen Blick

- Andere Namen: Gurkenkräutel
- Fremdbefruchtung durch Insekten
- Verkreuzung: –
- Vermehrung: generativ durch Samen, vermehrt sich selbst

- Blütezeit: ab Juli
- Samenernte: ab August
- Haltbarkeit der Samen: maximal vier Jahre
- Direktsaat: ja, Anfang April bis Ende Juli
- Vorzucht: nein
- Anbau: Freilandbeet, großer Blumentopf
- Boden: tief gelockert, sandiger Lehm, mit Humusanteil
- Bester Standort: sonnig
- Mischkultur: ☺ Kartoffeln, Zucchini, Kürbis ☹ andere Doldenblütler wie Fenchel, Möhren
- Permakultur: ja

Dill ist eine einjährige Pflanze, die im Sommer blüht, im Spätsommer Samen bildet und sich vor dem Herbst noch einmal aussät. Die Pflanzen wachsen etwa 1,50 m hoch und bilden schöne gelbe Blütendolden, die sehr beliebt bei allen möglichen Insekten sind. Aus den Blüten reifen nach und nach die Samen, aus denen teilweise noch im selben Jahr neue Pflänzchen austreiben. Dill wächst jedes Jahr an Ort und Stelle nach und verbreitet sich – falls man nicht jätet – im ganzen Kräuterbeet.

Ökotipp

Dill ist genauso wie Fenchel eine wichtige Futterpflanze für die Raupen des seltenen Schwalbenschwanzschmetterlings. Falls Sie eines der auffällig gemusterten Tierchen entdecken, sollten Sie ihm die Pflanze überlassen und erst abernten, wenn keine Raupen mehr darauf sitzen.

Erstaussaat

Samen bei Ökosämereien kaufen oder eintauschen, in nährstoffreiche, feuchte Erde streuen und leicht andrücken.

Samengewinnung

Die Pflanzen einfach blühen und fruchten lassen, bis sich die Dolden verfärbt haben und die Samen so trocken sind, dass sie ausfallen.

Für die Samenernte brauchen Sie

- Gartenhandschuhe
- Gartenschere
- große Papiertüte

Entnahme der Samen

Nicht notwendig, denn die Pflanzen werfen reichlich Samen ab und vermehren sich von selbst. Falls Sie dennoch Samen gewinnen wollen, an einem möglichst trockenen Tag ernten.

- Die Samenstände abschneiden und sofort kopfüber in eine große Papiertüte stecken. In einem warmen, luftigen Raum drei Tage nachtrocknen lassen.
- Samen von den Dolden streifen und eine weitere Woche trocknen lassen, dann zum Aufbewahren in Tüten oder Fläschchen füllen.

Geschichte und Geschichten

Dill regt die Verdauung an und beruhigt die Nerven – das altsächsische Wort »dilla« bedeutet »einlullen«. Dillsamen kauen nach einem deftig-würzigen Essen lindert Blähungen und schenkt reinen Atem.

Erntetipp

Für den Wintervorrat kann man zuerst die Samen als Gewürz oder für die Aussaat ernten. Ab September wächst das neue zarte Kraut, das man pflückt, eng in Schraubgläser steckt und einfriert. Für die Zubereitung einfach gefroren mit einer Gabel aus dem Glas über Salat, Sauce oder Suppe streuen.

Endiviensalat

Cichorium endivia L. · Familie der *Compositae* (Korbblütler)
Mittelzehrer · zweijährig

Auf einen Blick

- Andere Namen: Endivie, Eskariol, Glatte Endivie, Winterendivie
- Fremdbefruchtung durch Insekten
- Verkreuzung: –
- Vermehrung: generativ durch Samen, schwierig
- Blütezeit: zweiten Vegetationsjahr im Juli
- Samenernte: zweiten Vegetationsjahr ab September
- Haltbarkeit der Samen: maximal fünf Jahre
- Direktsaat: ja, für Salat Mitte Juni bis Ende Juli, für Überwinterung/Samengewinnung Ende Juli bis Anfang August
- Vorzucht: ja, für Salat Mitte Juni bis Ende Juli, für Überwinterung/Samengewinnung Ende Juli bis Anfang August
- Pflanzung: etwa vier Wochen nach Aussaat
- Anbau: im Freilandbeet, Schnittendivie im Blumentopf
- Boden: tief gelockert, schwach lehmig, mit hohem Humusanteil
- Bester Standort: sonnig bis leicht schattig
- Mischkultur: ☺ am besten nach Erbsen, Zuckererbsen oder Frühkartoffeln ☹ Salat, Petersilie oder Möhren
- Permakultur: nein

Endiviensalat bildet keine festen Köpfe, sondern dicht gestaffelte Rosetten aus tiefgrünen Randblättern und einem hellgelben Herz.

Es sind zweijährige Pflanzen, die man im ersten Jahr als Salat erntet und im zweiten Jahr für die Samengewinnung blühen lässt. Die zahlreichen Blütenstände öffnen sich nur vormittags; die leuchtend blauen Wegwartenblüten sind sehr dekorativ.

Erstaussaat

Samen oder Jungpflänzchen bei Ökosämereien kaufen oder eintauschen.

Samengewinnung

- Dafür brauchen Sie zweijährige Pflanzen, die Sie im Herbst aber nicht unbedingt ausgraben müssen: Die Pflanzen vertragen Frost und können mit Kälteschutz deshalb an Ort und Stelle überwintern. Im Herbst also mit Erde anhäufeln, gegebenenfalls mit Wintervlies und Laub oder mit einem anderen Winterschutz abdecken. Guten Winterschutz bieten auch Gewächshaus oder Frühbeet.
- Zur Sicherheit sollten Sie auch einige Pflanzen ausgraben, kleine verzweigte Wurzeln abschneiden und die Blätter auf etwa 5 cm einkürzen. Die Pflanzen nun in Töpfe mit sandiger Erde setzen und im Keller bei 0 bis 4 °C und hoher Luftfeuchtigkeit überwintern. Die Pflanzen kann man maximal 4 Monate lagern, dann faulen sie gewöhnlich. Deshalb sobald wie möglich wieder auspflanzen und gegebenenfalls vor Spätfrösten schützen.

Geschichte und Geschichten

Die Pflanze stammt vermutlich aus dem Mittelmeerraum und wurde in Rom bereits um die Zeitenwende kultiviert. Immer zählte sie zum Wintergemüse: Die Römer wussten, dass sie die kühle Jahreszeit besser verträgt als der damals ebenso beliebte Lattich, Stammvater unseres Kopfsalats. Über Frankreich gelangte sie etwa Mitte des 16. Jahrhunderts nach Deutschland: Erste Abbildungen aus dem 16. Jahrhundert zeigen zwei Formen – eine glatte und eine krause mit stark geschlitzten Blättern. Im Lauf von etwa 300 Jahren entwickelten sich daraus zwei Endiviensorten, die wir noch heute kennen: Eskariol mit breiten Blättern, die nur am Rand leicht gezähnt sind, und lockerer Frisée.

Überwinterungstipp

Große Pflanzen kann man besser im Freien überwintern, weil sie widerstandsfähiger sind. Die Überwinterung im Keller gelingt eher mit kleinen Pflanzen, weil die Blattbildung noch nicht so stark ist und damit auch die Fäulnisgefahr geringer.

Für die Samenernte brauchen Sie

- Stützstäbe und Schnur
- Schüsselchen oder Karton

Tipp

Sobald die Blütenstände etwa 50 cm hoch sind, die Endivienpflanzen wie Tomaten an Stützstäbe binden: Wenn die Samenträger am feuchten Erdboden liegen, können sie faulen oder von Pilzen befallen werden.

Entnahme der Samen

- Die Pflanzen blühen und die Samen reifen lassen, bis die Samenhüllen braun sind. Endivie blüht wochenlang, doch die ersten Samen sind die besten. Außerdem sind sie auch bei Vögeln beliebt, und man sollte deshalb mit der Ernte nicht zu lange warten.
- An einem trockenen Tagen zupft man die Hüllen mit den Samen ab und gibt sie möglichst gleich ohne die Hülle in ein Schüsselchen oder einen Karton.
- Andere Möglichkeit: Samenhüllen auf einem nicht zu harten Untergrund mit der Nudelrolle auswalken, bis die Samen sich aus den Hüllen lösen.
- Die Samen eine weitere Woche trocknen lassen und zum Aufbewahren in Tüten oder Fläschchen füllen.

Anzucht der Samen

Endiviensamen sind groß genug, dass man sie einzeln in die Erde legt. Abstand zwischen den Pflanzen: 15 bis 20 cm, zwischen den Reihen 30 bis 40 cm. Die Samen festdrücken, damit sie Bodenkontakt bekommen, und leicht mit Erde bedecken.

Auswahl

Bei Endivie geht es vor allem um milden, nicht allzu bitteren Geschmack und zarte, dennoch knackige Blätter. Das Herz sollte kräftig gelb gefärbt sein und die Außenblätter keine brauen Rändern zeigen.

Arten und Sorten

- Winterendivie *(Cichorium endivia L. var. crispum)* mit fein geschlitzten bis gekrausten Blättern eignet sich als Herbstsalat.
- Eskariol *(Chicorium endivia var. latifolium)* kann schon im ersten Vegetationsjahr blühen, lässt sich aber auch gut überwintern und ist deshalb leicht zu vermehren.
- Schnittendivie *(Chicorium endivia var. endivia),* auch Pflückendivie genannt, mit einzelnen, länglich schmalen, am Rand leicht gekrausten Blättern wächst sehr rasch, blüht im ersten Jahr und ist ebenfalls leicht zu vermehren. Die Sorte eignet sich für den Balkonkasten und für große Blumentöpfe, und man kann sie ganz nach Bedarf schneiden.
- Frisée oder Krause Endivie bildet eine Rosette mit grünem Rand und gelbem Herz wie Endivie, allerdings mit feinen, gekräuselten und stark geschlitzten Blättern.

Erbse

Pisum sativum · Familie der *Fabaceae* (Schmetterlingsblütler)
Schwachzehrer · einjährig

Auf einen Blick

- Andere Namen: Gartenerbse, Gemüseerbse, Pflückerbse, grüne Erbse
- Selbstbefruchtung, Fremdbefruchtung durch Insekten möglich
- Verkreuzung: mit anderen Erbsensorten
- Vermehrung: generativ durch Samen, einfach
- Blütezeit: je nach Sorte ab Mai bis August
- Samenernte: je nach Sorte August bis September
- Haltbarkeit der Samen: maximal fünf Jahre
- Direktsaat: ja, je nach Sorte von März bis April
- Anbau: im Freilandbeet, im Blumentopf
- Boden: tief gelockert, sandiger Lehm bis Lehm, mit Humusanteil
- Bester Standort: sonnig

- Mischkultur: ☺ Gurken, Möhren, Radieschen, Kohlrabi, Salat, Fenchel und Dill ☹ Hülsenfrüchte, Knoblauch und Tomaten
- Permakultur: nein

Erbsen sind ganz unkomplizierte Pflanzen, die weder an den Boden noch an das Klima besondere Ansprüche stellen. Sie wachsen auch gut in großen Kästen oder tiefen Töpfen, tragen dann allerdings nicht so reichlich Hülsen wie auf dem Beet. Doch für die Samengewinnung reicht es, und man kann die zarten Triebspitzen für Salat verwenden. Die unterschiedlichen Sorten spielen für Geschmack und Verwendung eine große Rolle (siehe Arten und Sorten).

Erstaussaat

Getrocknete Kerne bei Ökosämereien kaufen oder eintauschen. Andere Möglichkeit: Freunde oder Ihren Biogärtner um überreife Hülsen bitten, die Sie zu Hause nachtrocknen (siehe Samengewinnung).

Anbautipp

Erbsen brauchen grundsätzlich eine Rankhilfe: in Töpfen zum Beispiel stark verzweigter Schnitt von Büschen. Im Beet können Sie auch Stützstäbe in Abständen von etwa 30 cm in die Erde stecken und Schnüre dazwischen spannen.

Samengewinnung

Hülsen für die Samengewinnung an den Pflanzen reifen lassen, bis sie ganz trocken und brüchig sind. Damit sie richtig trocknen, dürfen sie nicht auf feuchter Erde liegen.

Für die Samenernte brauchen Sie

- Gartenhandschuhe
- Grabgabel
- eventuell Gartenschere
- großen Korb oder Karton

Entnahme der Samen

Die Pflanzen an einem trockenen Tag aus der Erde ziehen, die Hülsen abreißen und die Pflanze auf den Kompost geben. Die reifen Hülsen nun an einem trockenen, luftigen Ort etwa drei Tage in einem großen Korb oder offenen Karton nachtrocknen lassen, bis sie rascheln. Dann die Kerne (siehe Arten und Sorten) aus den Hülsen holen und ausgebreitet noch einige Tage trocknen lassen, bis sie beim Schütteln in einem Glas richtig klappern. In Schraubgläser füllen und den Winter über in einem kühlen Raum aufbewahren.

Anzucht der Samen

Erbsen vertragen Bodentemperaturen um 8 °C, Schalerbsen sogar leichten Frost. Und obwohl die Keimung bei warmen Böden schneller verläuft, legt man Erbsen bereits im März. Denn wie Puffbohnen (Seite 109) setzen auch Erbsen bei hohen Temperaturen keine Hülsen mehr an und sollten deshalb möglichst früh blühen und fruchten. Legen Sie die Samen in 15 cm Abstand pro Erbse und 60 cm Abstand pro Reihe. Die Samen etwa 2 cm tief in die Erde stecken und mit Erde bedecken.

Geschichte und Geschichten

Erbsen zählen zu den ältesten Kulturpflanzen, weil sie eiweißreich und nahrhaft sind, weil man sie trocknen und so gut in den Vorrat nehmen kann wie Getreide. Wilderbsen wurden bereits vor knapp 10 000 Jahren gegessen, und vielleicht hat man sie damals nicht nur gesammelt, sondern auch schon angebaut: Die verkohlten Erbsen, die Archäologen im Süden Griechenlands, in der Türkei und in Palästina gefunden haben, stammen immerhin aus Ackerbaukulturen. Lange vor der Zeitenwende haben sich Erbsen über ganz Europa bis in den Norden nach Skandinavien ausgebreitet.

Auswahl

Die Pflanzen sollten kräftige Wurzeln bilden, standfest wachsen, reichlich Hülsen ansetzen, früh abreifen und nicht zu anfällig für Mehltau sein.

Arten und Sorten

- Bei Palerbsen *(Pisum sativum ssp. sativum conv. sativum)*, auch Schalerbsen, Schälerbsen, Roll- oder Brockelerbsen, Kneifel-, Roller-, Auskernerbsen genannt, sind die Samen glatt, grün und reich an Stärke. Deshalb schmecken sie immer leicht mehlig, und man nimmt

Reife, runzelige Samen von Markerbsen

sie für Suppen und Eintöpfe. Die reifen Samen/Kerne sind ebenfalls glatt und grau, gelb oder braun gefärbt. Reife Samen/Kerne sind rund und glatt sowie grau, gelb oder braun gefärbt.

Bei Markerbsen *(Pisum sativum ssp. sativum conv. medullare)* sind die Samen zarter, saftiger und süßer als Schalerbsen. Man nimmt sie fürGemüse und Salat; als Trockenerbsen eignen sie sich nicht, weil sie hart bleiben. Reife Samen sind runzelig.

- Zuckererbsen *(Pisum sativum ssp. sativum conv. axiphium)*, auch Mangetout, Zuckerschote, Kefe, Kaiserschote, Kiefelerbse genannt, unterscheiden sich durch den höheren Zuckergehalt und die essbaren, zarten Hülsen von anderen Erbsensorten. Die Hülsen bilden an der Innenseite keine ungenießbare Pergamentschicht aus und enthalten winzige Samen. Für die Samengewinnung lässt man auch bei Zuckererbsen die Hülsen an der Pflanze ausreifen, bis sie hellgrün und sehr prall sind. Reife Samen/Kerne sind rund und glatt, grau, gelb oder braun gefärbt.

Erdbeerspinat

Blitum capitatum, Syn. Chenopodium capitatum · Familie der *Chenopodiaceae* (Gänsefußgewächse) · Schwachzehrer · einjährig

Auf einen Blick

- Fremdbefruchtung durch Wind
- Verkreuzung: –
- Vermehrung: generativ durch Samen, vermehrt sich selbst
- Blütezeit: laufend ab etwa vier Monate nach Saat
- Samenernte: ab September
- Haltbarkeit der Samen: maximal fünf Jahre
- Direktsaat: ja, Anfang Mai
- Vorzucht: nein
- Anbau: im Freilandbeet
- Boden: tief gelockert, leicht sandig bis schwach lehmig, keine besondern Ansprüche
- Bester Standort: sonnig bis halbschattig
- Mischkultur: ☺ Zwiebeln, Gurken, Tomaten
☹ Gartenmelde, Rote Bete, Mangold, Spinat
- Permakultur: ja

Geschichte und Geschichten

Den genauen Ursprung von Erdbeerspinat kennt man nicht. Man vermutet nur, dass die Pflanze aus der Neuen Welt stammt und nach Europa gebracht worden ist. In Nordamerika wächst Erdbeerspinat nämlich wild wie Unkraut, während er in Europa nur dort vorkommt, wo Menschen wohnen oder wo Nutztiere die Samen verbreiten. In Pflanzenbüchern des Mittelalters taucht er noch nicht auf; erst im Jahr 1601, also viele Jahre nach der Entdeckung Amerikas, beschreibt ihn der niederländische Botaniker Charles de l'Écluse, auch Carolus Clusius (1526–1609), und berichtet, er habe die Pflanzen aus Samen gezogen, die er getrocknet aus Spanien bekommen habe.

Eng verwandt ist Erdbeerspinat mit Weißem Gänsefuß, der in fast jedem Naturgarten wächst. Doch keine andere Pflanze aus der Gänsefußfamilie bildet aus ihren unscheinbaren Blüten so schöne, tiefrote Samenträger, die wie Erdbeeren aussehen. Angebaut wird Erdbeerspinat jedoch wegen der zarten würzigen Blätter, die als Gemüse schmecken und sich gut zum Braten im Wok eignen.

Erstaussaat

Samen bei Ökosämereien kaufen oder eintauschen, in nährstoffreiche, feuchte Erde streuen und leicht andrücken.

zerdrückt sie in einer kleinen Schüssel. Kaltes Wasser zugeben und das Ganze zwei Tage stehen lassen. Nun wie Tomatensamen auswaschen (Seite 153), was bei den kleinen Erdbeerspinatsamen allerdings schwieriger ist.

- Die Samen nun nebeneinander auf Küchenpapier oder ein Tuch legen und trocknen lassen. Dabei immer wieder vom Papier/Tuch lösen und an eine andere Stelle legen, damit sie nicht feucht liegen, sondern möglichst rasch trocknen. Sobald sie ganz trocken sind, zum Aufbewahren in Fläschchen oder Tüten füllen.

Für die Samenernte brauchen Sie

- Gartenhandschuhe
- Gartenschere
- Schüssel mit Wasser

Samengewinnung und Entnahme der Samen

- Sobald die roten »Früchte« welk werden, schneidet man einige ab und

Permakultur

Erdbeerspinat vermehrt sich durch die roten Samenträger, die zu Boden fallen und die winzigen Samen freigeben. Die Pflänzchen wachsen erneut im zeitigen Frühjahr. Damit sie gut gedeihen und buschig werden, muss man sie anfangs regelmäßig von Unkraut freihalten.

Feldsalat

Valerianella locusta · Familie der *Valerianaceae* (Baldriangewächse)
Schwachzehrer · einjährig

Auf einen Blick

- Andere Namen: Vogerlsalat, Rapunzel, Nüsslisalat
- Selbstbefruchtung, Fremdbefruchtung durch Insekten möglich
- Verkreuzung: Feldsalatsorten untereinander
- Vermehrung: generativ durch Samen, vermehrt sich selbst
- Blütezeit: ab Mai
- Samenernte: ab Juni
- Haltbarkeit der Samen: maximal vier Jahre
- Direktsaat: ja, Juli und August im Freiland, von September bis Februar im Gewächshaus
- Vorzucht: nein
- Anbau: im Freilandbeet, im Blumentopf möglich, im ungeheizten Gewächshaus
- Boden: tief gelockert, sandiger Lehm oder Moorboden
- Bester Standort: halbschattig
- Mischkultur: ☺ Barbarakraut, Postelein, Wintersalat
- Permakultur: ja

Feldsalat fehlt das typische leicht herb-bittere Aroma der anderen Salatpflanzen. Dafür enthält er als Mitglied der Baldrianfamilie eine Menge ätherischer Öle, die ihm die Würze von Nüssen und Kräutern geben. Er bildet je nach Sorte große Rosetten aus länglichen, mittel- bis hellgrünen Blättern oder kleine dichte Rosetten mit kräftigen kurzen, dunkelgrünen Blättern. Die großen sind besser zu ernten, die kleinen schmecken aromatischer. Die Blütenstände wachsen bis zu 20 cm hoch und tragen eine Menge winziger weißer Blüten, aus denen laufend die Samen reifen.

Erstaussaat

Samen bei Ökosämereien kaufen oder eintauschen.

Für die Samenernte brauchen Sie

- Schere
- Schnur

Samengewinnung

Die Pflanzen wachsen und blühen lassen, die Samenträger aber nicht ganz trocknen lassen, denn die Samen fallen innerhalb weniger Tage aus (siehe Permakultur).

Entnahme der Samen

Falls Sie Samen ernten wollen, sollten Sie die Samenträger abschneiden, sobald sie verblüht, aber noch grün sind. Dann locker gebunden in einem gut durchlüfteten Raum zum Trocknen aufhängen und ein Tuch darunter breiten oder eine Schüssel aufstellen, um die abfallenden gelblich braunen, rundlichen Samen aufzufangen. Zum Schluss auch die restlichen Samen ausklopfen, weitere drei bis vier Tage trocknen lassen und zum Aufbewahren in Tüten oder Fläschchen füllen.

Permakultur

Auch Samen fallen zu Boden und sorgen für die Vermehrung, die noch gar nicht ausgereift sind – Feldsalat kann man deshalb einfach sich selbst überlassen. Im Freilandbeet und im Gewächshaus keimen die Samen aus, wenn Salat und Sommergemüse geerntet sind, sodass Sie ab Oktober ernten können. Im Gartenbeet ist Feldsalat im Frühling auch ein guter Bodendecker, weil er während der Blüte ausladend wächst und dabei unerwünschte Wildkräuter unterdrückt.

Geschichte und Geschichten

Die Wildpflanze stammt aus Mitteleuropa; die Samen haben Archäologen in den Pfahlbausiedlungen an den Seen des Alpenvorlandes gefunden. Eine Kultivierung war nicht notwendig, denn Feldsalat wächst ja einfach von selbst – noch in meiner Kindheit gingen wir ihn am Rand von Getreidefeldern sammeln. Als Salatpflanze baute man ihn dann erst zu Beginn des 18. Jahrhunderts an, und er wurde wegen seines kräftigen, nussartigen Aromas immer beliebter. Übrigens lässt sich Feldsalat trotz seines Volksnamens nicht den Rapunzeln im gleichnamigen Grimmschen Märchen eindeutig zuordnen: Damals kannte man nämlich auch eine andere, inzwischen vergessene Salatpflanze als Rapunzel. Diese Verwandte der Glockenblume *(Campanula rapunculus)* wuchs noch in den 1930er-Jahren in Hausgärten und wurde erst ganz allmählich vom Feldsalat verdrängt.

Fenchel

Foeniculum vulgare var. azoricum · Familie der *Umbelliferae* (Doldenblütler) · Mittelzehrer · zweijährig

Auf einen Blick

- Andere Namen: Knollenfenchel
- Fremdbefruchtung durch Insekten; Selbstbefruchtung möglich
- Verkreuzung: mit Knollenfenchelsorten und Gewürzfenchel
- Vermehrung: generativ durch Samen, schwierig
- Blütezeit: zweites Vegetationsjahr im Juli und August
- Samenernte: zweites Vegetationsjahr ab September
- Haltbarkeit der Samen: maximal fünf Jahre
- Direktsaat: möglich, März bis Juni
- Vorzucht: besser; von Mitte März bis Anfang April und von Mitte Juni bis Mitte Juli
- Pflanzung: etwa ein Monat nach Aussaat
- Anbau: im Freilandbeet, im Blumentopf
- Boden: tief gelockert, schwach lehmig, mit hohem Humusanteil, mit Kompost gedüngt
- Bester Standort: sonnig
- Mischkultur: siehe Tipp
- Permakultur: nein

Knollenfenchel ist wie nahezu jedes Gemüse, das wir heute kennen, durch Züchtung aus Wildem Fenchel entstanden. Er bildet im ersten Vegetationsjahr die fleischig verdickten Blattscheiden in Knollenform; in warmen Regionen und bei früher Aussaat reifen auch die Samen schon im ersten Jahr. Sonst entwickeln sich die großen gelben Blütendolden und die Samen im zweiten Vegetationsjahr.

Mischkulturtipp

Nach frühen Fenchelsorten kann man Endiviensalat und Feldsalat anbauen. Sommerfenchel gedeiht gut auf Beeten, die zuvor mit Spinat und Frühkartoffeln bepflanzt waren. Tomaten und Dill gelten als schlechte Kulturpartner, doch nach meiner Erfahrung trifft das nicht zu.

Erstaussaat

Fenchelpflänzchen oder Samen Ihrer Wahl bei Ökosämereien kaufen oder eintauschen.

Samengewinnung

Die Fenchelknollen wie gewohnt ernten, indem sie knapp über dem Erdboden abgeschnitten werden; die Mittelachse (Sprossachse) mit der Wurzel bleibt im Boden. Bald bilden sich seitlich zwei kleine Knollen, die Sie einfach stehen lassen und im Winter mit Laub und mit Vlies abdecken – Fenchel verträgt leichte Fröste, aber keinen Dauerfrost. Im März den Winterschutz entfernen und die Nebenknollen wachsen lassen, bis sie blühen und Samen bilden.

Gemüse oder Samen?

In heißen, trockenen Sommern reift Fenchel viel schneller. Wenn Sie ihn als Gemüse ernten wollen, mulchen Sie mit Rasenschnitt oder Gemüseabfall. Für eine Samenernte gießen Sie die Pflanzen nur so sparsam, dass sie nicht welken. Gewöhnlich »schießen« sie dann, das heißt, es bilden sich Blüten und Samen.

> **Geschichte und Geschichten**
>
> In der Antike galt Fenchel als Medizin, Liebeszauber und Kraftnahrung – sein griechischer Name »marathon« soll vom Fenchelkrautkonsum antiker Sportler stammen.

Für die Samenernte brauchen Sie

- Gartenschere
- große Papiertüte

Ökotipp

Die Raupen des seltenen Schwalbenschwanzschmetterlings brauchen Fenchel und Dill als Nahrung. Falls Sie eines der auffällig gemusterten Tierchen entdecken, sollten Sie ihm die Pflanze überlassen.

Entnahme der Samen

- Die Pflanzen blühen und die Samen nur so lange reifen lassen, bis sie fast dürr sind. Das dauert unterschiedlich lange, und deshalb sollten Sie auch mehrmals ernten. Denn reife Fenchelsamen fallen bei windigem oder regnerischem Wetter von selbst aus.

- Ernten Sie möglichst an einem trockenen Tag: Die Samenstände abschneiden und sofort kopfüber in eine große Papiertüte stecken. In einem warmen, luftigen Raum drei Tage nachtrocknen lassen.
- Samen von den Stängeln in ein Sieb abstreifen und die abgefallenen Samen aus der Tüte ebenfalls ins Sieb schütten.
- Samen vorsichtig aneinander reiben, damit die Stielchen abfallen. Dann im Sieb schwenken, um sie zu reinigen.
- Die Samen eine weitere Woche trocknen lassen, dann zum Aufbewahren in Tüten oder Fläschchen füllen.

Anzucht der Samen

Fenchelsamen sind so groß, dass man sie einzeln säen kann: Mit einer Pinzette fassen, leicht in die Erde drücken und mit Erde bedecken. Die Keimung hängt von der Temperatur ab: Bei 12 °C zeigen sich erste Blättchen nach etwa zwei Wochen, bei 20 °C dauert es nur etwa acht Tage.

Auswahl

Bei der Auslese von Knollenfenchel nimmt man Sorten mit hellen, fleischigen Knollen, die feinfaserig und fest sind.

Sortentipp

Gewürzfenchel *(Foeniculum vulgare var. dulce)* stammt ebenfalls von der Wildform ab, wird allerdings schon viel länger genutzt: Das frische Kraut gehört zur südlichen, vor allem sizilianischen Küche, die frischen und getrockneten Samen zum Norden als Brotgewürz und für Tee. Die Vermehrung ist sehr einfach, denn Gewürzfenchel blüht bereits im ersten Vegetationsjahr ab August und bildet ab September dann die Samen. Zudem sterben die Pflanzen im Winter zwar ab, treiben im nächsten Jahr aber neu aus – Gewürzfenchel eignet sich also für Permakultur. Oft entwickelt sich aus den abgeschnittenen Gemüsefenchelknollen ebenfalls Gewürzfenchel.

Gurke

Cucumis sativus · Familie der *Cucurbitaceae* (Kürbisgewächse)
Starkzehrer · einjährig

Auf einen Blick

- Andere Namen: Schlangengurke, Hausgurke, Salatgurke, Einlegegurke
- Fremdbefruchtung durch Insekten, Selbstbefruchtung möglich
- Verkreuzung: Gurkensorten untereinander
- Vermehrung: generativ durch Samen, einfach
- Blütezeit: ab Juni
- Samenernte: ab August
- Haltbarkeit der Samen: maximal sechs Jahre
- Direktsaat: möglich, Anfang Mai
- Vorzucht: ja, ab Mitte April
- Pflanzung: nach Spätfrostgefahr ab Mitte Mai
- Anbau: im Freilandbeet, im Blumentopf
- Boden: tief gelockert, leicht sandig bis schwach lehmig, nährstoffreich, mit kompostiertem Mist oder Kompost gedüngt
- Bester Standort: sonnig, warm, windgeschützt
- Mischkultur: ☺ Dill, Fenchel, Zwiebelgewächse, Kohl, Salat, Sellerie und Erbsen ☹ Tomaten, Radieschen und Rettich
- Permakultur: nein

Eine Gurkenpflanze ist einhäusig, das heißt, sie trägt weibliche Blüten mit deutlich erkennbaren Fruchtknoten und männliche Blüten auf langen Stielen. Allerdings gibt es auch zweihäusige Sorten mit jeweils weiblichen und männlichen Blüten. Auf jungen Gurkenpflanzen überwiegen zunächst die männlichen Blüten, weil sie sich zeitig entwickeln. Danach setzt die Ausbildung weiblicher Blüten ein; diese können auch mit dem Pollen einer männlichen Blüte auf derselben Pflanze bestäubt werden. Aus dieser Selbstbefruchtung bilden sich jedoch keine besonders guten Früchte, während Fremdbefruchtung für genetische Vielfalt sorgt.

Geschichte und Geschichten

Zur Heimat der Gurke gibt es verschiedene Theorien: Wilde Vorläufer der kultivierten Pflanze stammen aus Nordindien, die ältesten archäologischen Funde aber aus Vorderasien. Schriftliche Aufzeichnungen haben uns die Griechen und die Römer hinterlassen, erste Abbildungen die Naturwissenschaftler der Renaissance.

Erstaussaat

Aus reifen Gurken vom Biogärtner die Samen wie unten beschrieben auslösen. Andere Möglichkeit: Samen bei Ökosämereien kaufen oder eintauschen.

Handbestäubung für Sortenerhalt

An zwei Pflanzen jeweils drei weibliche und drei männliche Blüten auswählen, die bereits durchgehend gelb, spitz zulaufend und gerade noch geschlossen sind. Da sich Gurkenblüten morgens öffnen, muss man sie am Abend davor »versiegeln«: Verschlussklipse von Tiefkühlbeuteln vorsichtig um die Spitzen legen und so fixieren, dass keine Insekten in die Blüten kriechen können. Am nächsten Morgen die männlichen Blüten abschneiden und die Blütenblätter entfernen, sodass die Staubblätter mit den Pollen frei liegen. Die weiblichen Blüten wieder öffnen, mit den männlichen betupfen und danach wieder mit den Klipsen verschließen. Die handbestäubten Blüten mit einem bunten Faden oder Ähnlichem markieren und daraus später die Samen entnehmen.

Samengewinnung

Botanisch gesehen sind Gurkenfrüchte fleischige Beeren, die man schon während der sogenannten Grünreife erntet, wenn man sie essen will. Für die Samengewinnung lässt man sie an der Pflanze hängen, bis die Schale hart und gelblich bis orange verfärbt ist; die Samen darin reifen aus, werden hart, das Fruchtfleisch wässrig.

Für die Samenernte brauchen Sie

- Gartenschere
- Gartenhandschuhe
- Schale mit kaltem Wasser zum Gären und Auswaschen

- Messer
- Küchenpapier oder dünnes Tuch zum Trocknen

Entnahme der Samen

- Die reifen Gurken abschneiden und zwei bis drei Wochen an einem warmen, trockenen Ort liegen lassen. Die Gurken dann längs halbieren, die Samen samt der gallertartigen Masse mit einem Löffel herauskratzen und in eine Schale geben. Etwas Wasser hinzufügen und die Samen mindestens 24 Stunden gären lassen, bis sich die Masse abgelöst hat.
- Die Samen nun rasch mit frischem Wasser reinigen. Nur Samen, die dabei nach unten sinken, sind keimfähig.
- Die Samen nebeneinander auf Küchenpapier oder ein Tuch legen und trocknen lassen. Dabei immer wieder vom Papier/Tuch lösen und an eine andere Stelle legen, damit sie nicht feucht liegen, sondern möglichst rasch trocknen. Sobald sie ganz trocken sind, zum Aufbewahren in Fläschchen oder Tüten füllen.

Aussaat der Samen

Je zwei Gurkensamen ab Mitte April in Töpfe mit Anzuchterde etwa fingernageltief in die Erde drücken. Die Anzuchtschale(n) an einen warmen, hellen Ort stellen. Für die Dauer der Keimung spielt die Temperatur eine große Rolle: Bei 22 °C zeigen sich die Blättchen nach etwa zehn Tagen. Gurken sollten keinen Kälteschock bekommen. Deshalb erst ins Gewächshaus stellen, wenn auch dort konstant etwa 18 °C herrschen. Ins Freiland kann man sie erst nach den Spätfrösten Mitte Mai auspflanzen.

Auswahl

Bei Gurken gibt es verschiedene Typen, doch grundsätzlich gilt: Je kleiner die Früchte bleiben, desto aromatischer sind sie, weil sie weniger Wasser enthalten.

Sortentipps

- Stachellose Schlangen- oder Salatgurken sind nur fürs Gewächshaus geeignet und brauchen eine Rankhilfe.
- Feldgurken, auch Schmorgurken, Schälgurken oder Senfgurken genannt, tragen Stacheln, wachsen im Freien und können auf einer Mulchschicht gegen Mehltau auch liegend kultiviert werden. Man nimmt sie für Gemüse oder zum Einlegen.
- Kleine Traubengurken, auch Einlegegurken, Essiggurken oder Cornichons genannt, eignen sich für Töpfe, wachsen im Freien oder unter Glas und können sowohl liegend als auch mit Rankhilfe gezogen werden. Die Pflanzen tragen pro Blattachsel mehrere Früchte.

Knoblauch

Allium sativum · Familie der *Liliaceae* (Liliengewächse)
Mittelzehrer · ein- und zweijährig

Auf einen Blick

- Andere Namen: Knofel
- Fremdbefruchtung durch Insekten
- Verkreuzung: –
- Vermehrung: vegetativ durch Brutknollen oder Knoblauchzehen, vermehrt sich selbst

- Ernte der Knollen: erstes und drittes Vegetationsjahr ab Juli
- Brutknollenernte: zweites Vegetationsjahr ab September
- Haltbarkeit der Brutknollen: drei Jahre
- Haltbarkeit der Knollen: sechs bis acht Monate
- Direktsaat: –
- Vorzucht: –
- Pflanzung von Brutknollen oder Knoblauchzehen: Frühjahr und Herbst
- Anbau: im Freilandbeet
- Boden: tief gelockert, sandiger Lehm, mit hohem Humusanteil
- Bester Standort: sonnig, trocken
- Mischkultur: ☺ fast jedes Gemüse ☹ Schnittlauch, Zwiebeln, Porree
- Permakultur: ja

Es gibt einjährigen Frühjahrs- und mehrjährigen Winterknoblauch: Frühjahrsknoblauch ist kälteempfindlich und nicht so ertragreich, doch gut zu lagern und einfach zu vermehren. Die geernteten Knollen halten sich gut über den Winter, und im Frühling, sobald sich der Boden erwärmt hat, steckt man wieder einige Zehen, aus denen sich bis zum Herbst Knollen entwickeln. Mehrjähriger Winterknoblauch mit großen Knollen ist frosthart und wird am besten durch Brutknollen vermehrt, die sich im zweiten Vegetationsjahr aus den Blütenständen an etwa 50 cm hohen Stängeln bilden (siehe Permakultur).

Erstaussaat

Brutknollen oder Knollen bei Ökosämereien kaufen oder eintauschen.

Für die Ernte der Knollen und Brutknollen brauchen Sie

- Gartenhandschuhe
- Grabgabel
- Korb

Gewinnung und Entnahme der Brutknollen

Die Brutknollen (Bulbillen) an den Stängeln abreifen lassen, bis sie trocken sind und sich die rundlichen »Zehen« leicht voneinander trennen lassen. In einen offenen Karton legen und an einem kühlen, trocknen luftigen Ort aufbewahren.

Permakultur

Die einzelnen »Zehen« der Brutknollen steckt man Anfang September. Daraus entwickeln sich im ersten Vegetationsjahr sogenannte Rundlinge: relativ kleine Knollen noch ohne einzelne Zehen. Im zweiten Vegetationsjahr bilden sich dann die großen Knollen mit den Zehen aus, und aus dieser Knoblauchknolle wächst der Stängel mit Blütenstand, der wiederum zu Brutknollen reift. Diese fallen zu Boden und sorgen so für die Vermehrung. Steckt man Zehen der ausgewachsenen Knoblauchknolle, so bilden sich daraus bereits im ersten Jahr kleine bis mittelgroße Knollen.

Geschichte und Geschichten

Wir schmecken bereits die winzige Menge von 0,1 g Knoblauch auf 1 kg Lebensmittel. Die Menge dagegen, die den Knoblauchesser »duften« lassen, kann man nicht verbindlich angeben: Jeder Mensch verträgt unterschiedlich viel Knoblauch, bis sich der Geruch bemerkbar macht.

Tipp

Knoblauch aus Bulbillen ist ertragreicher und resistenter gegen Schädlinge als Knoblauch aus Zehen. Die neuen Knollen sind jedoch erst im dritten Jahr richtig ausgewachsen: Im ersten Jahr sät sich der Knoblauch selbst aus, im zweiten wachsen aus den Bulbillen die Rundlinge, und im dritten Jahr entwickeln sich die Knollen mit Zehen. Doch auch Bulbillen und Rundlinge können Sie essen – sie sind mild und schmecken fein nach Knoblauch.

Sortenmerkmale

Es gibt so viele Sorten, dass man vorwiegend nach Geschmack (mild oder scharf), Haltbarkeit, Größe der Brutzwiebeln und Farbe der Schale wählt. Aus kleinen Brutknollen entwickeln sich oft besonders aromatische Knollen.

Arten und Sorten

- Bärlauch *(Allium ursinum),* auch Bärenlauch, Hexenzwiebel, Ramsel, Waldknoblauch, Wilder Lauch genannt, vermehrt sich selbst durch Samen und Zwiebelchen. Man setzt einige Pflanzen an einen schattigen, feuchten Platz im Garten, möglichst in humusreichen Boden mit feuchter Laubschicht, und hält die Pflanzstelle von Unkraut und Schnecken frei. Im zweiten Jahr kann man bereits einige Blätter ernten, doch sollte man den Pflanzen ein weiteres Jahr Zeit lassen, sich gut zu etablieren.
- Etagenzwiebel *(Allium x proliferum),* auch Luftzwiebel oder Johanniszwiebel genannt, ist mehrjährig, frosthart und eine höchst merkwürdige Pflanze: An hohen Stängeln bildet sie Brutknollen wie Knoblauch, aus denen dann gleich an der Pflanze eine zweite »Etage« von Zwiebelchen wächst, die wiederum Stängel und Brutknollen bildet. Die Pflanze wächst sowohl in die Höhe als auch in die Breite, denn die Zwiebeln drücken die Stängel zu Boden, wo sie dann Wurzeln bilden.

Kohlrabi

Brassica oleracea convar. caulorapa var. gongylodes · Familie der *Cruciferae* (Kreuzblütler) · Mittelzehrer · zweijährig

Auf einen Blick

- Andere Namen: Oberkohlrabi, Oberrübe, Rübenkohl
- Fremdbefruchtung durch Insekten
- Verkreuzung: mit jedem Gemüse der Art Brassica oleracea
- Vermehrung: generativ durch Samen, schwierig
- Blütezeit: zweites Vegetationsjahr ab Juli
- Samenernte: zweites Vegetationsjahr ab September
- Haltbarkeit der Samen: mindestens sechs Jahre
- Direktsaat: ja; für Gemüse Anfang April bis Mitte Juli, für Samengewinnung Ende Juni bis Ende Juli
- Vorzucht: nur für Gemüse Anfang Februar bis Anfang Juli
- Pflanzung: für Gemüse im 1. Vegetationsjahr drei Wochen nach Aussaat
- Anbau: im Beet
- Boden: tief gelockert, sandiger Lehm mit hohem Humusanteil; mit Kompost gedüngt
- Bester Standort: sonnig, verträgt auch leichten Schatten
- Mischkultur: ☺ Dicke Bohnen, Tomaten, Rote Bete, Salat, Radieschen, Sellerie ☹ Zwiebeln, Senf und alle Sorten der Art *Brassica oleracea*
- Permakultur: nein

Kohlrabi als Gemüse bildet sich aus dem mittleren Strunk der Pflanze, der sich zu einer fleischigen Knolle verdickt und aus dem sich im zweiten Vegetationsjahr der Blütenstand entwickelt. Man sat Kohlrabi für die Samengewinnung möglichst spät, damit die Pflanzen bis zur Winterruhe erst das Gemüsestadium erreichen – das dauert je nach Sorte drei bis fünf Monate. Überreife Pflanzen verkümmern und können faulen. Im zweiten Vegetationsjahr wächst der Blütentrieb mit kleinen, essbaren gelben Blüten, aus denen nach und nach die Samen in Schoten reifen.

Erstaussaat

Pflänzchen oder Samen Ihrer Wahl bei Ökosämereien kaufen oder eintauschen.

Verkreuzungstipp

Zu den Sorten der Art *Brassica oleracea* gehören außer Kohlrabi auch Rosenkohl, Grünkohl, Markstammkohl, Ewiger Kohl, Weißkohl, Rotkohl, Wirsing, Blumenkohl und Brokkoli. Alle diese Sorten muss man für die Samenvermehrung einzeln kultivieren, damit sie sich nicht verkreuzen.

Samengewinnung

Dafür brauchen Sie zweijährige Pflanzen, die Sie im Herbst nicht unbedingt ausgraben müssen: Kohlrabi verträgt Frost bis maximal -7 °C und kann deshalb an Ort und Stelle überwintern. Doch Kälteschutz ist meist notwendig, vor allem, wenn der Frost über Tage oder sogar Wochen andauert. Im Herbst also mit Erde anhäufeln, gegebenenfalls mit Wintervlies und Laub oder mit einem anderen Winterschutz abdecken.

Andere Möglichkeit: Die Pflanzen mit Strunk und Wurzeln vorsichtig ausgraben; Kohlrabi im Winterlager müssen intakt sein, denn an Verletzungen bilden sich Infektionen. Einzeln in Plastiktöpfe mit Erde setzen und in einen dunklen Keller/Raum stellen, der nicht zu trocken und sehr kühl, aber frostfrei ist. Die Pflanzen im Frühling wieder ins Freie setzen, gegebenenfalls vor Spätfrost schützen und für die Samenbildung blühen lassen. Am besten ist es, wenn Sie jeweils drei Pflanzen draußen und drinnen überwintern.

Tipp

Gegen Ende des Sommers sollten Sie Kohlrabi für die Samengewinnung nur sehr sparsam gießen. Denn je trockener die Pflanzen sind, desto geringer ist der Wassergehalt in den Knollen und desto besser halten sich die Pflanzen im Winterlager.

Pflege der Pflanzen

Kohlrabi im Winterlager faulen nicht so leicht wie zum Beispiel Blumenkohl.

Dennoch sollten Sie die Pflanzen regelmäßig kontrollieren. Blätter mit Grauschimmel werden entfernt und faule oder infizierte Stellen mit einem scharfen, sauberen Messer ausgeschnitten und anschließend mit Holzasche desinfiziert.

Für die Samenernte brauchen Sie

- Stützstäbe und Schnur
- Gartenhandschuhe
- Gartenschere
- große Papiertüte

Tipp

Kohlrabi sollte man während der Blüte und Samenreife wie Tomaten an Stützstäbe binden, damit die Pflanzen nicht umfallen und die Samenstände nicht verderben.

Entnahme der Samen

- Die Pflanzen blühen und die Samen reifen lassen, bis die Schoten trocken und goldbraun sind. Der Reifevorgang dauert unterschiedlich lange, und deshalb können Sie auch mehrmals ernten. Beginnen die Schoten zu rascheln, springen sie auf, und die Samen fallen zu Boden. Das schadet jedoch nicht, denn jede Kohlpflanze bildet allein hunderte von Schoten aus.
- Ernten Sie möglichst an einem trockenen Tag: Die Samenstände abschneiden und kopfüber in eine große Papiertüte stecken. In einem warmen, luftigen Raum drei Tage nachtrocknen lassen.

Geschichte und Geschichten

Kohl, der Knollen bildet, hat die Menschen an Rüben erinnert, und daher kommt auch die Bezeichnung Kohlrabi: Sie wurde im 17. Jahrhundert aus den italienischen Wörtern *cavolo* (Kohl) und *rapa* (Rübe) gebildet.

- Die braunen runden Samenkörner durch Reiben aus den Schoten lösen.
- Die Samen eine weitere Woche trocknen lassen, dann zum Aufbewahren in Tüten oder Fläschchen füllen.

Anzucht der Samen

Kohlrabi sät man einzeln: Die Samen leicht in die Erde drücken und mit Erde bedecken. Zum Zeitpunkt der Aussaat im Juni und Juli keimen die Samen innerhalb von etwa acht Tagen.

Auswahl

Bei der Auslese wählt man Pflanzen mit mittelgroßen Knollen mit dünner Schale, die nicht aufplatzen. Das Fleisch sollte durchgehend zart und unten am Stiel nicht holzig sein. Achten Sie auch auf eine gute Blattbildung am oberen Teil der Knolle, denn Kohlrabiblätter sind ein sehr mineralstoffreiches Gemüse.

Kohlrübe

Brassica napus ssp. rapifera · Familie der *Cruciferae* (Kreuzblütler)
Starkzehrer · zweijährig

Auf einen Blick

- Andere Namen: Schmalzrübe, Steckrübe, Wruke, Boden-, Unterkohlrabi
- Fremdbefruchtung durch Insekten
- Verkreuzung: mit allen Sorten von *Brassica napus*, also auch mit Raps auf nahe gelegenen Feldern
- Vermehrung: generativ durch Samen, schwierig
- Blütezeit: zweites Vegetationsjahr ab Juli
- Samenernte: zweites Vegetationsjahr ab September
- Haltbarkeit der Samen: mindestens sechs Jahre
- Direktsaat: ja, Mai
- Vorzucht: ja, März bis Juni
- Pflanzung: für Gemüse nur im ersten Vegetationsjahr Ende Juni, für Samengewinnung auch im zweiten Vegetationsjahr ab März
- Anbau: im Beet

- Boden: tief gelockert, leicht sandig bis schwach lehmig, mit hohem Humusanteil, mit wenig Kompost gedüngt
- Bester Standort: sonnig bis halbschattig
- Mischkultur: ☺ nach Frühkartoffeln, Dicken Bohnen und Erbsen
☹ verwandte Kreuzblütler wie Rucola, Kohl oder Kohlrabi
- Permakultur: nein

Kohlrüben sind zweijährige Pflanzen, die im ersten Jahr eine Blattrosette mit kräftiger, bis zu 1,5 kg schwerer Rübe entwickeln. Im Sommer des zweiten Vegetationsjahres bilden sich bis zu 80 cm hohe Blütenstände mit zahlreichen, kleinen, essbaren gelben Blüten, die wie Rapsblüten aussehen – Rüben sind eng mit Raps verwandt. Aus den Blüten reifen nach und nach die Schoten mit den Samen darin. Kohlrüben als Gemüse erntet man im ersten Vegetationsjahr ab Oktober: zuerst die kleinen zarten Rüben und schließlich die schweren Exemplare, die so gut als deftiger Wintereintopf schmecken.

Erstaussaat

Pflänzchen oder Samen Ihrer Wahl bei Ökosämereien kaufen oder eintauschen.

Geschichte und Geschichten

Die großen Rüben sind mit dem Raps verwandt und vermutlich im Mittelmeerraum aus einer Kreuzung von Kohlrabi und Speiserübe entstanden. Den Zeitpunkt dafür kann man nicht festlegen; beide Pflanzen kommen noch immer wild vor. Eindeutig zu identifizieren sind Kohlrüben erst ab dem 19. Jahrhundert, als die weißfleischige Sorte fürs Vieh auf dem Acker, die gelbfleischige in den Gemüsegärten wuchs.

Samengewinnung

Kleinere Pflanzen für die Vermehrung auswählen und so spät wie möglich im Herbst des ersten Vegetationsjahres mit den Wurzeln ausgraben. Einzeln in Plastiktöpfe mit Erde setzen und in einen dunklen Keller/Raum stellen, der nicht zu trocken und sehr kühl, aber frostfrei ist. Die Rübenpflanzen können Sie etwa sechs Monate lagern, lang genug also für die erneute Auspflanzung im März. Die Pflanzen nun gegebenenfalls vor Spätfrost schützen und für die Samenbildung blühen lassen.

Für die Samenernte brauchen Sie

- Stützstäbe und Schnur
- Gartenhandschuhe
- Gartenschere
- große Papiertüte

Tipp

Rübenpflanzen für die Samenernte entwickeln häufig dicke Strünke. Damit sie nicht umfallen, muss man sie wie Tomaten an Stützstäbe binden. Denn Samenstände, die am feuchten Erdboden liegen, können faulen oder von Pilzen befallen werden.

Entnahme der Samen

- Die Pflanzen blühen und die Samen reifen lassen, bis die Schoten so dürr sind, dass sie rascheln. Das dauert unterschiedlich lange, und deshalb können Sie auch mehrmals ernten. Reife Samen fallen zwar aus den Schoten, was aber nicht schadet: Brassicapflanzen bilden eine ganze Menge Samen.
- Ernten Sie möglichst an einem trockenen Tag: Die Samenstände abschneiden und sofort kopfüber in eine große Papiertüte stecken. In einem warmen, luftigen Raum drei Tage nachtrocknen lassen.
- Die braunen runden Samenkörner durch Reiben aus den Schoten lösen.
- Die Samen eine weitere Woche trocknen lassen, dann zum Aufbewahren in Tüten oder Fläschchen füllen.

Anzucht der Samen

Steckrübensamen kann man einzeln säen: Leicht in die Erde drücken und mit Erde bedecken. Die Keimung hängt von der Temperatur ab: Bei 12 °C zeigen sich erste Blättchen nach etwa zwei Wochen.

Auswahl

Bei der Auslese nimmt man Sorten mit zartem Fleisch, das nicht bitter schmecken darf. Carotinhaltige, gelbfleischige Kohlrüben sind besonders mild.

Milde Kohlrübe mit hohem Carotingehalt

Kopfsalat

Lactuca sativa var. capitata · Familie der *Compositae* (Korbblütler)
Mittelzehrer · ein- oder mehrjährig

Auf einen Blick

- Andere Namen: Buttersalat, Grüner Salat, Häuptelsalat, Schmalzsalat
- Selbstbefruchtung, Fremdbefruchtung durch Insekten selten
- Verkreuzung: selten mit anderen Kopfsalatsorten
- Vermehrung: generativ durch Samen, einfach
- Blütezeit: ab Juli
- Samenernte: ab August
- Haltbarkeit der Samen: maximal fünf Jahre
- Direktsaat: ja, je nach Sorte ab März bis Juni
- Vorzucht: ja, wie Direktsaat
- Pflanzung: je nach Sorte ab April
- Anbau: im Freilandbeet, Pflücksalat im Blumentopf
- Boden: tief gelockert, schwach lehmig, mit hohem Humusanteil, mit Kompost gedüngt
- Bester Standort: halbsonnig bis sonnig
- Mischkultur: ☺ Tomaten, Möhren, Bohnen, Rote Beten und Knoblauch ☹ Petersilie
- Permakultur: nein

Kopfsalat ist eine Stängelpflanze (siehe auch Arten und Sorten), die möglichst rasch blühen und aussamen will: Lässt man ihn einfach wachsen, treibt er einen etwa 50 cm hohen Schaft mit kleinen blassgelben Blüten, aus denen sich im Juli und August die Samenhüllen entwickeln. Die Samen sind ähnlich geformt wie die von Löwenzahn und tragen ein Haarkrönchen, damit der Wind sie verbreiten kann. Kurze Tage im Frühjahr und Herbst verhindern, dass der Salat blüht, also »schießt«, und die Pflanzen bilden den begehrten Kopf: zuerst eine offene Blattrosette, in deren Mitte sich eine Knospe aus zarten weichen Blättern entwickelt – daher der Name Buttersalat im Unterschied zu knackigem Eissalat.

Erstaussaat

Samen oder Pflänzchen bei Ökosämereien kaufen oder eintauschen.

Samengewinnung

- Die Pflanzen blühen und verblühen lassen, bis sich die Samenhüllen gebildet haben.

- Kopfsalat für die Samengewinnung müssen Sie reichlich Platz geben, denn die Pflanzen wachsen bis zu 1,70 m hoch und sind je nach Sorte sehr ausladend.
- Man sollte sie nur sparsam gießen, dann blühen die Pflanzen schneller.
- Eissalat mit festen Blättern ritzt man kreuzweise an, damit der Blütenstand besser austreibt.
- Sobald die Blüte beginnt, kontrolliert man die unteren Blätter auf Fäulnis; vor allem bei Schneckenbefall faulen die Pflanzen sehr rasch und sind für die Samengewinnung verdorben.
- Einzelne Pflanzen muss man wie Tomaten an Stützstäbe binden, wenn die Blütenstände etwa 50 cm hoch sind, damit die Samenträger nicht am Erdboden liegen und faulen oder von Pilzen befallen werden.

Für die Samenernte brauchen Sie

- Karton

Entnahme der Samen

- Die Pflanzen blühen lassen. Etwa 14 Tage nach der Blüte beginnt die Reife. Sie verläuft natürlich unregelmäßig aufgrund der großen Menge an Samenständen. Bei reifen Samen kann man die Samenkapsel durch leichtes Reiben aufbrechen.
- Die Samen nun entweder abzupfen und aus der Kapsel reiben oder zu zweit ernten: Einer biegt die Samenträger über einen Karton, der andere verreibt sie zwischen den Handflächen, bis die Samen ausfallen.
- Die Samen im Karton in einer dünnen Schicht zwei Tage im Haus nachtrocknen lassen. Dann durch Pusten oder im Sieb reinigen und eine weitere Woche als dünne Schicht trocknen lassen. Nun zum Aufbewahren in Tüten oder Fläschchen füllen.

Anzucht der Samen

Die Samen sind groß genug, dass man sie einzeln in die Erde legt. Abstand zwischen den Pflanzen 15 bis 20 cm, zwischen den Reihen 30 bis 40 cm. Die Samen festdrücken, damit sie Bodenkontakt bekommen, und leicht mit Erde bedecken.

Anbautipp

Salat vermehrt sich auch selbst im Garten, und am besten eignet sich dazu frostharter Wintersalat. Lassen Sie die Pflanzen einfach stehen, blühen, fruchten und Samen werfen. Im Herbst das Beet vorsichtig abräumen, damit die Jungpflanzen nicht entfernt werden – meist zeigen sich nämlich nur Keimblättchen. Die Pflanzen nun bis in den Spätherbst von Unkraut frei halten. Im Frühling wachsen sie dann meist so rasch, dass Sie je nach Witterung schon im April Salat ernten können.

Auswahl

Es gibt so viele Sorten, dass Sie nur nach Geschmack, Kopfbildung, Zartheit der Blätter und Anbauzeit auswählen müssen. Sehr früh blühende Pflanzen sollte man nicht vermehren.

Sortentipps

- Frostharter Wintersalat ist für die Frühjahrsernte bestimmt (siehe Anbautipp).
- Batavia ist eine Neuzüchtung aus der Familie der Kopfsalate – nicht ganz so knackig wie Eissalat, doch robuster als Kopfsalat. Das »Herz« ist größer als bei dunkelgrünem Eissalat. Wie bei Kopfsalat gibt es rotblättrige und grüne Sorten.

Geschichte und Geschichten

Kopfsalat und seine Varietäten sind nur als Kulturpflanzen bekannt. Einige seiner »halbwilden« Verwandten aus der großen Lattichfamilie hat man im Altai-Gebiet, im Iran, im Sudan und in Oberägypten entdeckt. Dem Salat ähnliche Nutzpflanzen haben die Ägypter der Pyramidenzeit gekannt, Griechen und Römer haben sie gegessen. Bereits in der Spätantike waren sie so wichtig, dass man sie wie Getreide und Gemüse sogar gehandelt hat. Richtigen Kopfsalat zeigt eine Abbildung aus den 80er-Jahren des 16. Jahrhunderts.

- Eichblattsalat *(Lactuca sativa var. crispa)*, auch Eichenlaubsalat genannt, stammt wie Kopfsalat vom Wilden Lattich ab, gehört aber zur Gruppe der Pflücksalate, die keine ausgeprägten Köpfe bilden. Die Züchtung kommt aus Frankreich und ist in Deutschland seit Mitte der 1980er Jahre bekannt.
- Eissalat, auch Eisbergsalat und Krachsalat genannt, hält sich länger frisch als Kopfsalat und ist schneller geputzt. Er wurde erstmals in Kalifornien angebaut. Da es in den 1930er-Jahren noch keine

Kühlwagen gab, soll er auf gestoßenem Eis über den ganzen Kontinent transportiert worden sein – daher sein Name.

- Römersalat *(Lactuca sativa var. longifolia)*, auch Römischer Salat, Romana, Bindesalat oder Kochsalat genannt, schließt sich nicht zum runden Kopf und gleicht deshalb dem wilden Lattich mehr als andere Salate. Bindesalat heißt er, weil man früher die knackig-kräftigen Blätter zusammengebunden hat, um das zarte, gelbe Herzchen zu erhalten, Kochsalat, weil er wie junger Wirsing als Gemüse schmeckt.
- Spargelsalat *(Lactuca sativa var. angustana* oder *asparagina)* sieht aus wie zu groß geratener, ausgewachsener Kopfsalat, dessen Blätter entfernt wurden, die Stiele sind an den Blattnarben rötlich. Spargelsalat wird bis zu 1,20 Meter hoch, die Stängel bis zu 5 cm dick. Man isst die jungen, 2 bis 3 cm dicken Stiele mit einem Schopf länglicher grüner Blätter; sie schmecken kalt als Salat und gebraten oder gedünstet als Gemüse.

Salat sät sich selbst aus, wenn Sie zwei bis drei Pflanzen auf dem Beet stehen und blühen lassen. Die Sorte hier ist winterhart und bildet im März schon kleine Köpfe.

Kürbis

Cucurbita ssp. · Familie der *Cucurbitaceae* (Kürbisgewächse)
Starkzehrer · einjährig

Auf einen Blick

- Fremdbefruchtung durch Insekten
- Verkreuzung: Zucchini- und andere Kürbissorten untereinander
- Vermehrung: generativ durch Samen, einfach
- Blütezeit: ab Juni
- Samenernte: im Spätherbst bis Winter
- Haltbarkeit der Samen: fünf bis sechs Jahre
- Direktsaat: ja, Anfang Mai
- Vorzucht: möglich, ab Mitte April
- Pflanzung: nach Spätfrostgefahr ab Mitte Mai
- Anbau: im Freilandbeet, je nach Sorte im Blumentopf
- Boden: tief gelockert, leicht sandig bis schwach lehmig, nährstoffreich, mit kompostiertem Mist oder Kompost gedüngt
- Bester Standort: sonnig
- Mischkultur: nicht möglich, weil die großen Pflanzen viel Platz brauchen
- Permakultur: nein

Die Vielfalt der Kürbis-Zuchtformen ist selbst für Fachleute verwirrend. Man unterteilt deshalb in die grundsätzlich hartschaligen Winterkürbisarten *Cucurbita maxima* und *Cucurbita moschata* sowie in vorwiegend weichschalige Sommerkürbisse *Cucurbita pepo,* zu denen auch Zucchini (Seite 168) gehören. Zu *Cucurbita maxima* zählt der wohl beliebteste Kürbis Roter Hokkaido, ebenso wie der Atlantic Giant, der bis zu 500 kg schwer werden kann – kaum zu glauben, dass es sich bei Kürbisfrüchten botanisch um Beeren handelt. Kürbispflanzen sind einhäusig mit großen, gelben weiblichen und männlichen Blüten, die man leicht unterscheiden

Geschichte und Geschichten

Den genauen Ursprung der amerikanischen Kürbisse kennt man (noch) nicht, doch man weiß, wo aus der Wildform mit unangenehm bitterem Beigeschmack die feine milde Kulturpflanze wurde: Riesenkürbis (Cucurbita maxima) geht auf eine Wildform zurück, die in den warmen und feuchten Tiefebenen Boliviens wächst; kultiviert haben ihn die Ureinwohner von Mexiko und Peru schon vor mehr als 5000 Jahren. Indianerstämme bauten Kürbis an den Rändern der Sümpfe und Zypressenwälder im Süden Floridas, den »Everglades«, an. Spanier und Portugiesen verbreiteten Kürbispflanzen in Asien und Afrika. Ursprünglich hat man Kürbisse vermutlich nur wegen der protein- und fettreichen Samen angebaut, und erst später verwendete man auch das Fruchtfleisch.

kann: Blüten mit deutlich erkennbaren Fruchtknoten sind weiblich, die auf langen Stielen männlich. Reife, hartschalige Früchte bergen dann die harten Samen, auf die es bei der Vermehrung der Pflanzen ankommt.

Erstaussaat

Samen bei Ökosämereien kaufen oder eintauschen.

Handbestäubung für Sortenerhalt

An zwei Pflanzen jeweils drei weibliche und drei männliche Blüten auswählen, die bereits durchgehend gelb, spitz zulaufend und gerade noch geschlossen sind. Da sich Kürbisblüten morgens öffnen, muss man sie am Abend davor »versiegeln«: Verschlussklipsen von Tiefkühlbeuteln vorsichtig um die Spitzen legen und so fixieren, dass keine Insekten in die Blüten kriechen können. Am nächsten Morgen die männlichen Blüten abschneiden und die Blütenblätter entfernen, sodass die Staubblätter mit den Pollen frei liegen. Die weiblichen Blüten wieder öffnen, mit den männlichen betupfen und danach wieder mit den Klipsen verschließen. Die handbestäubten Blüten mit einem

bunten Faden oder Ähnlichem markieren und daraus später die Samen entnehmen.

Samengewinnung

Kürbisse an der Pflanze lassen, bis die Schale ganz hart ist und die Stielansätze hart und trocken sind. Die Früchte nun im Spätherbst vor dem ersten Frost abschneiden und in einem hellen, trockenen Raum zwischen 15 und 17 °C einige Wochen nachreifen lassen. Bei niedriger Temperatur verderben die Früchte, im Keller ist es zu feucht und zu dunkel.

Für die Samenernte brauchen Sie

- Gartenschere
- Gartenhandschuhe
- Messer
- Teller

Entnahme der Samen

Nur intakte Früchte wählen, die keine weichen oder gar fauligen Stellen haben. Die Kürbisse nun mit einem schweren, scharfen Messer spalten und unverletzte Samen mit den Fingern herausholen. Von dem watteartigen Gewebe trennen und auf einem Teller mindestens vier Wochen trocknen lassen, dann zum Aufbewahren in Tüten oder Fläschchen füllen.

Aussaat der Samen

Die Samen ab Mitte April in Töpfe oder Schalen mit Anzuchterde etwa fingernageltief in die Erde drücken und an einen warmen, hellen Ort stellen. Oder ab Anfang Mai im Freiland ebenfalls einzeln mit etwa 30 cm Abstand in die Erde stecken. Für die Dauer der Keimung spielt die Temperatur eine große Rolle: Bei 22 °C zeigen sich die Blättchen nach etwa zehn Tagen. Die Pflanzen sollten keinen Kälteschock bekommen, denn die zarten Blätter erfrieren in einer einzigen Frostnacht. Deshalb kann man Jungpflänzchen erst nach den Spätfrösten Mitte Mai ins Freiland setzen.

Auswahl

Beim Kürbis geht es um die Möglichkeiten der Verarbeitung: Manche schmecken als Suppe, weil das Fruchtfleisch cremig zerfällt, andere kann man wie Schnitzel braten. Es gibt Kürbissorten für Marmelade, zum Einlegen und für Kuchen. Praktisch sind Sorten, die man nicht schälen muss, weil die Schale beim Garen weich wird. Wichtig ist auch die Lagerfähigkeit.

Sortentipps

- Grüner und Roter Hokkaido *(Cucurbita maxima)* und Buttercup *(Cucurbita*

moschata) sind Sorten für Suppe, Püree und Kuchen, die man nicht schälen muss.

- Muskatkürbis, Butternut, Zuckerkürbis und Buckskin eignen sich ebenfalls für Suppen und Kuchenfüllungen sowie für Marmelade. Alle diese Moschuskürbisse *(Cucurbita moschata)* müssen geschält werden.
- Zum Braten brauchen Sie eine Sorte, die dabei nicht zerfällt: Green Delicious, Green Hubbard oder Roter Zentner. Diese Riesenkürbisse *(Cucurbita maxima)* muss man schälen.
- Zum Einlegen brauchen Sie eine Sorte, die beim Garen nicht zerfällt: Gelber Zentner, Roter Zentner, Golden Delicious und Blauer Ungarischer, auch Ungarischer Bratkürbis genannt. Auch diese Riesenkürbisse *(Cucurbita maxima)* müssen Sie schälen.
- Zum Füllen nimmt man vorwiegend kleine Sorten von *Cucurbita pepo* (siehe auch Seite 171) wie Baby Boo, Spaghettikürbis oder Rolet. Man lässt sie ganz ausreifen, bis die Schale hart ist. Patisson oder Rondini dagegen können Sie wie Zucchini auch mit weicher Schale verwenden.

Mangold

Beta vulgaris ssp. vulgaris convar. cicla var. cicla und *var. Flavescens*
Familie der *Chenopodiaceae* (Gänsefußgewächse) · Mittelzehrer · zweijährig

Auf einen Blick

- Andere Namen: Blattmangold, Stielmangold, Stängelmangold, Krautstiel, Rippenmangold, Römischer Kohl, Schweizer Mangold, Römische Bete, Cardonenbete
- Fremdbefruchtung durch den Wind
- Verkreuzung: mit Roter Bete, Futterrübe und Zuckerrübe sowie Mangoldsorten untereinander
- Vermehrung: generativ durch Samen, vermehrt sich selbst
- Blütezeit: im zweiten Vegetationsjahr ab Juli
- Samenernte: im zweiten Vegetationsjahr ab Ende August
- Haltbarkeit der Samen: mindestens sechs Jahre
- Direktsaat: ja, ab April
- Vorzucht: nein
- Anbau: im Freilandbeet
- Boden: tief gelockert, leicht sandig bis schwach lehmig, nicht frisch gedüngt
- Bester Standort: sonnig
- Mischkultur: ☺ Zwiebeln, Kohl, Stangenbohnen, Tomaten und Erdbeeren ☹ Möhren, Rote Beten und Spinat
- Permakultur: ja

Es gibt Blattmangold und Stielmangold, doch diese Unterscheidung spielt für den Hausgarten keine Rolle, denn von beiden Sorten kann man Blatt und Stiele verwenden. Es sind ganz unkomplizierte, ertragreiche Pflanzen, die nach meiner Erfahrung gleich gut gedeihen. Stielmangold wird sehr groß, braucht also Platz auf dem Beet. Grün- und weißstielige Sorten sind ziemlich frosthart, während die Sorten mit roten, gelben oder rosafarbenen Stielen einen Winterschutz brauchen. Blattmangold können Sie einfach so überwintern; die Blätter sterben bei Frost zwar ab, doch die Pflanzen treiben im Frühjahr wieder neu aus. Mangold bildet genau wie andere Gänsefußgewächse zahlreiche,

Geschichte und Geschichten

Vermutlich war eine Mischform aus Mangold und Roter Bete – die ja nur unterschiedliche Sorten derselben Pflanze sind – schon in der Antike als Gemüse bekannt: Der römische Naturwissenschaftler Plinius berichtet von einer beliebten sizilianischen Varietät. Im Mittelalter wurde Mangold in kaiserlichen und klösterlichen Garteninventaren aufgeführt. Doch eindeutig identifizieren kann man das Gemüse erst auf Abbildungen in den Nutzpflanzenbüchern des 16. Jahrhunderts.

bis zu 1,20 m hohe und sehr verzweigte Blütenstände mit ganz unscheinbaren Blüten, die zu Samen heranreifen.

Erstaussaat

Samen bei Ökosämereien kaufen oder eintauschen.

Samengewinnung

Dazu brauchen Sie zweijährige Pflanzen, die Sie im Freien – eventuell mit Winterschutz – überwintern lassen. Mangold auszugraben, wie oft empfohlen wird, ist aufgrund der starken Wurzeln ziemlich schwierig. Gewiss überstehen einige Pflanzen das Überwintern auf dem Beet nicht, doch die restlichen entwickeln auch noch eine gewaltige Menge an Samen. Die Pflanzen dann im zweiten Jahr nicht beernten, sondern blühen lassen, bis die Samenträger zu trocknen beginnen.

Für die Samenernte brauchen Sie

- Gartenhandschuhe
- Karton

Entnahme der Samen

Die großen, hellbraunen Samenknäuel durch Reiben von den Stängeln lösen und in einem offenen Karton zwei bis drei Wochen ganz trocknen lassen. Nun die Samen abstreifen, eine weitere Woche trocknen lassen, dann zum Aufbewahren in Tüten oder Fläschchen füllen.

Mangold eignet sich für Permakultur: Die Wurzelstöcke treiben im Frühling wieder aus, und aus den Samen bilden sich neue Pflänzchen.

Permakultur

Mangoldsamen fallen zu Boden und sorgen für die Vermehrung. Samenernte ist nur wichtig, wenn Sie Wert auf bestimmte Sorten legen. Doch selbst dann haben Sie aufgrund der leichten Verkreuzungen keine Sortengarantie.

Möhre

Daucus carota ssp. sativus · Familie der *Umbelliferae* (Doldenblütler)
Mittelzehrer · zweijährig

Auf einen Blick

- Andere Namen: Mohrrübe, Karotte, Gelbe Rübe, Wurzel, Rübli
- Fremdbefruchtung durch Insekten
- Verkreuzung: möglich mit Möhrensorten und Wilder Möhre
- Vermehrung: generativ durch Samen, einfach
- Blütezeit: zweites Vegetationsjahr ab Juli
- Samenernte: zweites Vegetationsjahr ab August
- Haltbarkeit der Samen: maximal drei Jahre
- Direktsaat: ja, für Gemüse je nach Sorte März bis Juni, für Samengewinnung ab Mai
- Vorzucht: nein
- Anbau: Freilandbeet, Blumentopf
- Boden: tief gelockert, sandig bis schwach lehmig, mit Humusanteil
- Bester Standort: sonnig
- Mischkultur: ☺ Kohl und Tomaten ☹ Spinat sowie verwandte Doldenblütler wie Pastinaken, Petersilie, Sellerie, Fenchel
- Permakultur: nein

Möhren sind zweijährige Pflanzen, die im ersten Jahr nur eine Rosette mit filigranen Blättern und saftiger Wurzel bilden – je nach Sorte lang, walzenförmig oder rundlich und in Gelb, Orangerot, Blaurot oder Elfenbeinweiß. Im Sommer des zweiten Vegetationsjahres entwickelt sich der Blütenstand etwa 1,60 m hoch mit zahlreichen weißen Blütendolden. Im August reifen die Samen; nun verblühen die Dolden, ziehen sich zusammen und erinnern an ein Mini-Vogelnest. Die länglichen Samen erinnern mit ihren zahlreichen »Beinchen« an winzige Kellerasseln. Als Gemüse erntet man Möhren nur im ersten Vegetationsjahr, weil die Pflanze im zweiten Vegetationsjahr die Nährstoffe aus der Wurzel für die Samenbildung nutzt.

Verkreuzungstipp

Wenn aus gekauften Samen Möhren mit weißer, faseriger Wurzel wachsen, handelt es sich vermutlich um eine Verkreuzung mit Wilder Möhre. Eingekreuzte Wilde Möhren erkennen Sie auch an der Blüte: Im Zentrum jeder

Dolde sitzt eine tiefrote bis schwarz-purpurfarbene Einzelblüte.

Erstaussaat

Samen bei Ökosämereien kaufen oder eintauschen. Andere Möglichkeit: Wurzelstücke in normale Gartenerde stecken und austreiben lassen. Für diese Pflanzen hat bereits das zweite Vegetationsjahr begonnen, sodass sie Blüten und die Samen bilden. Nehmen Sie unbedingt Möhren aus dem Bioladen oder von Freunden, die selbst anbauen, damit Sie keine Hybriden erwischen, die untauglich für die Vermehrung sind (siehe Glossar).

Samengewinnung

- Dazu brauchen Sie zweijährige Pflanzen: Möhren können fast überall im Freiland überwintern. Doch Kälteschutz ist notwendig, vor allem, wenn der Frost über Tage oder sogar Wochen andauert. Im Herbst also mit Erde anhäufeln, gegebenenfalls mit Wintervlies und Laub oder mit einem anderen Winterschutz abdecken.
- Andere Möglichkeit: Die Möhren ausgraben und mit der anhaftenden Erde aufrecht und nicht zu eng nebeneinander in einen großen Blumentopf aus Kunststoff stellen. Das Kraut auf etwa 5 cm einkürzen und darauf achten, dass

Auch Wurzelstücke von Möhren kann man für die Samengewinnung nutzen.

man den Blattansatz, das »Herz«, der Möhren nicht verletzt. Die Töpfe mit Plastiktüten abdecken und die Möhren in einem kühlen, frostfreien und nicht zu trockenen Raum überwintern; optimal sind 1 bis 3 °C und etwa 90 % Luftfeuchtigkeit.

- Die Möhren aus dem Winterlager ab Ende März wieder ins Beet auspflanzen.

Für die Samenernte brauchen Sie

- Stützstäbe und Schnur
- Gartenhandschuhe
- Gartenschere
- große Papiertüte

Tipp

Sobald die Blütendolden etwa 50 cm hoch sind, die Möhrenpflanzen wie Tomaten an Stützstäbe binden: Samentragende Dolden, die am feuchten Erdboden liegen, können faulen oder von Pilzen befallen werden.

Entnahme der Samen

- Die Pflanzen blühen und die Samen reifen lassen, bis die Dolden braun und fast trocken sind. Möhrensamen reifen langsam, und die besten gewinnt man aus den ersten Dolden, die am Hauptstängel wachsen. Der Reifevorgang dauert unterschiedlich lange, und deshalb können Sie auch mehrmals ernten.
- Ernten Sie möglichst an einem trockenen Tag: Die Samenstände abschneiden und sofort kopfüber in eine große Papiertüte stecken. In einem warmen, luftigen Raum drei Tage nachtrocknen lassen.

Geschichte und Geschichten

Wildmöhren findet man häufig an Wegrändern und mageren Wiesen. Man erkennt sie an der Blüte, die sich wie ein Vogelnest zusammenzieht. Gemeinsam mit Riesenmöhren aus dem Mittelmeerraum und einer Formengruppe aus Vorderasien bildeten sie die Ahnen einer unserer ältesten Gemüsepflanzen. Doch aus den vielen Wurzeln, die Menschen seit jeher essen, sind Möhren erst recht spät eindeutig zu identifizieren – zuerst auf einer farbigen Abbildung, die um 500 n. Chr. in Konstantinopel angefertigt wurde. Die Araber sollen Möhren bereits vor 1000 Jahren angebaut haben, und unsere »normalen« Möhren tauchten Ende des 17. Jahrhunderts in den Niederlanden auf. Noch vor etwa 100 Jahren wuchsen in französischen und deutschen Gärten rotviolette Exemplare; erstmals von den Italienern im 13. Jahrhundert gezüchtet.

- Samen von den Dolden streifen und die »Beinchen« so weit wie möglich abrubbeln.
- Samen eine weitere Woche trocknen lassen, dann zum Aufbewahren in Tüten oder Fläschchen füllen.

Anzucht der Samen

Möhrensamen sind sehr fein, und man vermischt sie bei der Aussaat am besten mit Sand, damit sie nicht so dicht

liegen. Zeigen sich die Pflänzchen, werden sie nach Bedarf ausgedünnt, damit sich kräftige Wurzeln entwickeln; die Blättchen können Sie fein geschnitten wie Petersilie verwenden. Die Keimung ist sehr langsam: Die Blättchen zeigen sich oft erst nach etwa vier Wochen.

Auswahl

Es gibt so viele Sorten, dass man in erster Linie nach dem Geschmack entscheidet. Wichtig ist zweitens die Farbe: Blaurote Möhren färben auch die Suppe dunkel, weiße Möhren wirken als Rohkost nur mit vielen Kräutern attraktiv. Wenn Sie Möhren im Blumentopf anbauen wollen, wählen Sie runde Sorten. Außerdem gibt es süße Möhren, die Kindern schmecken.

Weitere Auswahlkriterien sind Widerstandsfähigkeit gegen Mehltau sowie platzfeste, gerade und glattschalige Wurzeln, die halbrund aus der Erde ragen und keinen eingesenkten Blattansatz haben sollten – solche Möhren faulen leichter.

Paprikaschote

Capsicum annuum L. · Familie der *Solanaceae* (Nachtschattengewächse)
Starkzehrer · einjährig

Auf einen Blick

- Andere Namen: Paprika, Gemüsepaprika
- Selbstbefruchtung, Fremdbefruchtung durch Insekten möglich
- Verkreuzung: Paprikaschoten und Chili untereinander
- Vermehrung: generativ durch Samen, einfach
- Blütezeit: ab Juli
- Samenernte: ab September
- Haltbarkeit der Samen: maximal fünf Jahre
- Direktsaat: nein
- Vorzucht: ja, ab Mitte Februar
- Pflanzung: nach Spätfrostgefahr ab Mitte Mai
- Anbau: im Freilandbeet, im Blumentopf
- Boden: tief gelockert, sandiger Lehm, nährstoffreich, mit kompostiertem Mist oder Kompost gedüngt
- Bester Standort: sonnig
- Mischkultur: kaum möglich, weil die großen Pflanzen viel Schatten werfen; im Beet kann man Salat zwischen Paprikaschoten pflanzen
- Permakultur: nein

Man unterscheidet Paprikaschoten nach Form, Farbe, Größe und Geschmack, der von süß bis fruchtig-würzig reicht. Mild aber sind sie alle, denn Gemüsepaprika-

schoten enthalten kaum Capsaicin, der Bestandteil, der ihren Verwandten Chilischoten (siehe unten) die Schärfe verleiht. Die Pflanzen wachsen je nach Sorte zwischen 50 cm bis 2 m hoch, tragen zahlreiche hübsche weiße, gelbe oder lilafarbene Blüten, aus denen sich die Früchte mit den Samen entwickeln. Unreife Paprikaschoten sind grün oder gelb, reif färben sie sich je nach Sorte leuchtend rot, orange oder violett.

Erstaussaat

Reife Paprikaschoten beim Biogärtner holen und darauf achten, dass es keine Hybriden (siehe Glossar) sind. Aus den Schoten, die Ihnen gut schmecken, die Samen wie unten beschrieben entnehmen. Andere Möglichkeit: Samen bei Ökosämereien kaufen oder tauschen.

Samengewinnung

Die Pflanzen blühen und fruchten lassen. Nur ganz ausgereifte und schon etwas weiche Schoten ernten. Dann jeweils Samen aus der Frucht nehmen, die Ihnen am besten schmeckt.

Für die Samenernte brauchen Sie

- Gartenschere
- Messer
- Küchenpapier zum Trocknen

Entnahme der Samen

Die reifen Früchte abschneiden, halbieren und aus jeder Frucht einige Samen nehmen. Die Samen nun nebeneinander auf Küchenpapier legen und trocknen lassen. Sobald sie ganz trocken sind, zum Aufbewahren in Fläschchen oder Tüten füllen.

Anzucht der Samen

Die Samen in etwa drei Finger breitem Abstand etwa fingernageltief in die Erde drücken und mit Erde bedecken, denn Paprikaschoten sind Dunkelkeimer. Die Anzuchtschale(n) an einen warmen Ort stellen. Für die Dauer der Keimung spielt die Temperatur eine große Rolle: Bei 21 °C zeigen sich die Blättchen nach etwa 14 Tagen. Paprikaschoten sollten nach dem Pikieren keinen Kälteschock bekommen. Deshalb erst ins Gewächshaus stellen, wenn auch dort konstant etwa 18 °C herrschen.

Auswahl

Bei Paprikaschoten geht es vorwiegend um Geschmack, Dicke des Fruchtfleisches und Saftigkeit. Sorten, die in der Form an Äpfel oder Fleischtomaten erinnern, sind süß, dickfleischig und saftig, schmecken roh und eingelegt. Stumpfe, dickwandige Sorten nimmt man zum Füllen, während sich Spitzpaprika gut für Salat, zum Braten und als Vorspeise eignet. Wichtig ist die Reifezeit, damit Sie den ganzen Sommer über ernten können. Außerdem sollten die Pflanzen reichlich Früchte tragen.

Verkreuzungstipp

Gemüsepaprika kreuzt sich mit Chili, sodass eigentlich milde Früchte bereits im ersten Jahr deutlich scharf schmecken können, wenn sie in unmittelbarer Nähe zu Chili kultiviert werden.

Arten und Sorten

Chilischoten *(Capsicum baccatum, frutescens* und *pubescens),* auch Pfefferoni, Peperoni, Gewürzpaprika genannt, gibt es ebenfalls in Orange, Rot und Violett. Wichtiger aber ist der Schärfegrad, der je nach Sorte von mild bis brennend scharf reicht: Mild bis mittelscharf sind Cherrytypen, Anchotypen und die bekannte Jalapeño. Schärfer schmecken Poblano mit Schärfegrad 4 oder Serrano mit Schärfegrad 5. Brennend scharf sind Tabasco und Cayenne mit Schärfegrad 8. Die schärfste Chilisorte der Welt ist die Jolokia *(Capsicum chinense)* mit einem Schärfegrad über 10, die man nur mit Schutzhandschuhen ernten und verarbeiten kann. Bei allen Chilis sind Samengewinnung, Entnahme der Samen und Anzucht genauso wie bei Paprikaschoten.

Geschichte und Geschichten

Paprikaschoten stammen vermutlich aus einer Region, die vom südlichen Mexiko über die Karibik und Mittelamerika bis nach Peru reicht. Mit Chilis kamen sie durch die Spanier nach Europa, durch die Portugiesen nach Afrika, Asien und Südamerika. Europäische Auswanderer schließlich brachten sie nach Nordamerika. In ihrer Heimat wurden sie viel später genutzt und waren immer weit weniger begehrt als Chilis. Doch die europäischen Eroberer konnten die höllisch brennenden Speisen der einheimischen Bevölkerung nicht vertragen und verhalfen vermutlich dem milden Gemüsepaprika zu kulinarischem Wert. Die ersten Europäer, die Paprika erwerbsmäßig anbauten, waren die Ungarn: Erste Freilandkulturen wurden bereits im 16. Jahrhundert in der fruchtbaren ungarischen Tiefebene angelegt.

Pastinake

Pastinaka sativa · Familie der *Umbelliferae* (Doldenblütler)
Mittelzehrer · zweijährig

Auf einen Blick

- Andere Namen: Dickmöhre, Duftmöhre, Hammelmöhre, Hirschfraß, Pastorak, Scharfmöhre, Spindelwurz, Wiesenweißwurz
- Fremdbefruchtung durch Insekten
- Verkreuzung: möglich mit Wilden Pastinaken
- Vermehrung: generativ durch Samen, einfach

- Blütezeit: zweites Vegetationsjahr im Juli und August
- Samenernte: zweites Vegetationsjahr ab September
- Haltbarkeit der Samen: maximal zwei Jahre
- Direktsaat: ja, März bis Juni
- Vorzucht: nein
- Anbau: im Beet
- Boden: tief gelockert, leicht sandig bis schwach lehmig, am besten mit hohem Humusanteil
- Bester Standort: sonnig
- Mischkultur: ☺ Kohl und Tomaten ☹ verwandte Doldenblütler wie Möhren, Petersilie, Sellerie, Fenchel
- Permakultur: nein

Pastinaken sind zweijährige Pflanzen, die im ersten Jahr nur eine Blattrosette mit kräftiger Wurzel bilden – bis zu 40 cm lang und 1,5 kg schwer. Im Spätsommer und Herbst des zweiten Jahres tragen die bis zu 1,50 m hohen Pflanzen mit verzweigten Stängeln auffällige, leuchtend gelbe, lockere Blütendolden mit bis zu 20 Strahlen. Daraus reifen die flachen, ziemlich großen Samen, die sich gut dosieren lassen. Pastinaken als Gemüse erntet man nur im ersten Vegetationsjahr, weil die Pflanze im zweiten Vegetationsjahr die Nährstoffe aus der Wurzel für die Samenbildung nutzt.

Erstaussaat

Samen bei Ökosämereien kaufen oder eintauschen. Andere Möglichkeit: Wurzelstücke in normale Gartenerde stecken und austreiben lassen. Für diese Pflanzen hat bereits das zweite Vegetationsjahr begonnen, sodass sie Blüten und die Samen bilden. Nehmen Sie unbedingt Pastinaken aus dem Bioladen oder von Freunden, die selbst anbauen, damit Sie keine Hybriden erwischen, die untauglich für die Vermehrung sind (siehe Glossar).

Geschichte und Geschichten

Bekannt waren Pastinaken vermutlich schon in der Antike. Da Wurzeln genau wie Kohl und Rüben jedoch schon immer zum wichtigsten Gemüse zählten, kann man sie auf alten Abbildungen neben den Möhren und Zuckerwurzeln nicht eindeutig identifizieren. Das ändert sich im 19. Jahrhundert: Pastinaken werden in drei Varietäten beschrieben und tauchen nun auch in vielen Kochbüchern auf.

Samengewinnung

Dazu brauchen Sie zweijährige Pflanzen, und die besten Samen bekommen Sie, wenn Sie die Pastinaken den Winter über in der Erde lassen. Säen Sie also genügend an, denn die Wurzeln, die Sie bis zum Frühling noch nicht verbraucht haben, können für die Samenernte weiter wachsen und blühen.

Für die Samenernte brauchen Sie

- Stützstäbe und Schnur
- Gartenhandschuhe
- Gartenschere
- großes weißes Tuch

Tipp

Sobald die Blütendolden etwa 50 cm hoch sind, die Pastinakenpflanzen wie Tomaten an Stützstäbe binden: Samentragende Dolden, die am feuchten Erdboden liegen, können faulen oder von Pilzen befallen werden.

Entnahme der Samen

- Die Pflanzen blühen und die Samen reifen lassen, bis die Dolden gelb-braun sind – das dauert etwa sechs Wochen.
- Die reifen Dolden abschneiden, auf ein Tuch legen und zwei bis drei Wochen trocknen lassen.
- Samen von den Dolden streifen und die Stielchen so weit wie möglich entfernen.
- Samen eine weitere Woche trocknen lassen, dann zum Aufbewahren in Tüten oder Fläschchen füllen.

Anzucht der Samen

Pastinakensamen sind groß genug, dass man sie einzeln in die Erde legt. Abstand zwischen den Pflanzen 15 bis 20 cm, zwischen den Reihen 30 bis 40 cm. Die Samen gut festdrücken, damit sie Bodenkontakt bekommen. Die Keimung ist sehr langsam: Erste Blättchen zeigen sich nach etwa vier Wochen.

Wichtig

- Pastinakensamen sind maximal zwei Jahre keimfähig. Deshalb sollten Sie jedes Jahr mindestens vier Pflanzen anziehen und dazu vier blühende Pflanzen für die Samenernte haben.
- Markieren Sie die Stelle, wo Sie gesät haben. Pastinaken brauchen nämlich Monate, bis sich Blätter zeigen, sodass man sie leicht »vergisst« und andere Samen streut.

Auswahl

Es gibt sehr viele Sorten, doch vor allem zwei sind für Privatgärtner interessant: runde Pastinaken, die nicht so lang werden für schwere Böden, und halblange, die hohen Ertrag bringen.

Achtung

Pastinakenblätter und ausgereifte Samenträger enthalten Cumarinverbindungen, die bei Sonnenlicht die Haut reizen können. Wenn Sie empfindlich reagieren, sollten Sie beim Ernten der Samen lange Ärmel und Gartenhandschuhe tragen.

Petersilie

Petroselinum crispum ssp. crispum Familie der *Umbellifarae* (Doldenblütler)
Mittelzehrer · zweijährig

Auf einen Blick

- Andere Namen: Peterle, Peterlien, Federselli, Suppenkraut
- Fremdbefruchtung durch Insekten
- Verkreuzung: möglich mit Sorten von Blatt- und Wurzelpetersilie
- Vermehrung: generativ durch Samen, einfach
- Blütezeit: zweites Vegetationsjahr ab Juni
- Samenernte: zweites Vegetationsjahr ab August
- Haltbarkeit der Samen: maximal drei Jahre
- Direktsaat: ja, ab Mai
- Vorzucht: nein
- Anbau: Freilandbeet
- Boden: tief gelockert, sandig bis schwach lehmig, mit Humusanteil
- Bester Standort: sonnig

- Mischkultur: ☺ Rote Bete, Zwiebeln, Kartoffeln und Tomaten
☹ Salat sowie verwandte Doldenblütler wie Pastinaken, Möhren, Sellerie, Fenchel
- Permakultur: nein

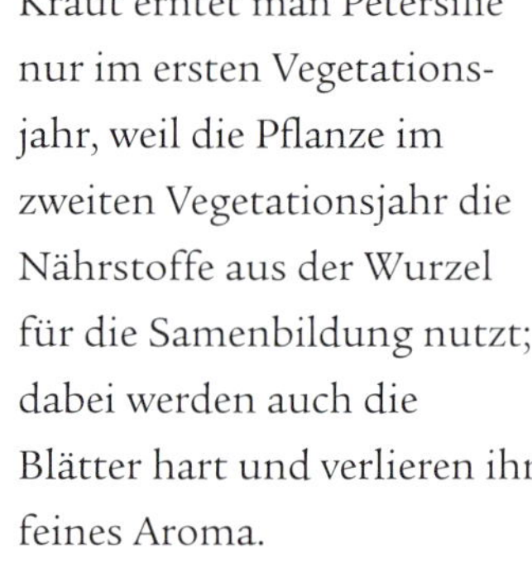

Petersilie ist eine zweijährige Pflanze, die im ersten Jahr nur Wurzeln und Kraut, im Sommer des zweiten Vegetationsjahres den Blütenstand entwickelt: etwa 80 cm hoch mit zahlreichen weißen Blütendolden. Im August bilden sich die Samen, herzförmig oder halbrund mit einem Schwänzchen. Als Kraut erntet man Petersilie nur im ersten Vegetationsjahr, weil die Pflanze im zweiten Vegetationsjahr die Nährstoffe aus der Wurzel für die Samenbildung nutzt; dabei werden auch die Blätter hart und verlieren ihr feines Aroma.

Erstaussaat

Samen bei Ökosämereien kaufen oder eintauschen.

Samengewinnung

- Dafür brauchen Sie zweijährige Pflanzen: Blattpetersilie kann im Freiland überwintern, braucht in rauen Regionen allerdings Kälteschutz. Im Herbst also mit Erde anhäufeln, gegebenenfalls mit Wintervlies und Laub oder mit einem anderen Winterschutz abdecken.

- Von Blattpetersilie, die Sie für die Samengewinnung ziehen, sollten Sie die Blätter nur ganz sparsam ernten, damit die Pflanzen kräftige Wurzeln bilden. Dann werden sie im zweiten Vegetationsjahr rascher wachsen, blühen und fruchten.
- Denken Sie daran, dass Sie auch neu einsäen müssen, um im nächsten Jahr Samen zu gewinnen.

Für die Samenernte brauchen Sie

- Gartenhandschuhe
- Gartenschere
- große Papiertüte

Entnahme der Samen

- Die Pflanzen blühen und die Samen reifen lassen, bis die Dolden braun und fast trocken sind. Sehr reife Petersiliensamen fallen durch Wind und Regen aus den Dolden.
- Ernten Sie möglichst an einem trockenen Tag: Die Samenstände abschneiden und sofort kopfüber in eine große Papiertüte stecken. In einem warmen, luftigen Raum drei Tage nachtrocknen lassen.
- Samen von den Dolden streifen und eine weitere Woche trocknen lassen, dann zum Aufbewahren in Tüten oder Fläschchen füllen.

Anzucht der Samen

Petersiliensamen können Sie in Reihen oder Kreisen säen – entweder gleich ins Gartenbeet oder in Töpfe, jedenfalls aber im Freien. Die Samen dünn mit Erde bedecken; sie keimen sehr langsam, und erste Blättchen zeigen sich oft erst nach etwa vier Wochen.

Geschichte und Geschichten

Erinnern Sie sich an das Kinderlied: »Petersilie, Suppenkraut, wächst in unserem Garten, unsere *** ist die Braut, kann nicht länger warten«? Einst hatte es eine erotische Bedeutung, denn Petersilie galt sowohl als empfängnisfördernd als auch als abtreibend. Tatsächlich sollten Schwangere auf Petersilie lieber verzichten, denn das ätherische Öl Apiol wirkt auf die Gebärmutter.

Auswahl

Bei Blattpetersilie gibt es würzige glatte oder dekorative krause Blätter; die Pflanzen sollten rasch wachsen, die Blätter solten üppig ausbilden und kräftig nach Petersilie schmecken – ohne seifigen Nachgeschmack. Manche Sorten sind anfällig für Mehltau.

Porree

Allium porrum var. porrum L. · Familie der *Liliaceae* (Liliengewächse)
Starkzehrer · zweijährig

Auf einen Blick

- Andere Namen: Lauch, Küchenlauch, Winterlauch, Breitlauch, Beißlauch
- Fremdbefruchtung durch Insekten
- Verkreuzung: möglich mit Wildem Sommerknoblauch und echten Perlzwiebeln
- Vermehrung: generativ durch Samen, vegetativ durch Brutzwiebeln, einfach
- Blütezeit: zweites Vegetationsjahr ab Juli
- Samenernte: zweites Vegetationsjahr ab September
- Haltbarkeit der Samen: maximal drei Jahre
- Direktsaat: ja; Herbstporree Mitte März bis Mitte April, Winterporree von Mitte April bis Anfang Mai
- Vorzucht: ja, Sommerporree Anfang Februar
- Pflanzung: Sommerlauch Anfang April
- Anbau: im Freilandbeet
- Boden: tief gelockert, leicht sandig bis schwach lehmig, feucht, mit hohem Humusanteil, mit Kompost gedüngt
- Bester Standort: sonnig
- Mischkultur: ☺ Tomaten, Erdbeeren, Möhren, Kohl und Sellerie
  ☹ Zwiebelgewächse und Rote Beten
- Permakultur: nein

Je nach Erntezeit unterscheidet man Sommerporree mit langem Schaft, hellem Blatt und loser Struktur sowie festen Herbst- oder Winterporree mit festem, kurzem Schaft und dunkleren Blättern. Ab Ende Mai des zweiten Vegetationsjahres bildet Porree den bis zu 1,30 m hohen Blütenstängel aus, der als kompakter Spross im Innern der Blätter sitzt. Ab Juli beginnt Porree zu blühen: Die großen, weißen Blütenkugeln locken viele Insekten an und sind über Wochen eine gute Bienenweide. Porree als Gemüse erntet man nur im ersten Vegetationsjahr, weil die Pflanze im zweiten Vegetationsjahr die Nährstoffe aus dem Schaft für die Samenbildung nutzt.

Erstaussaat

Samen oder Jungpflänzchen bei Ökosämereien kaufen oder eintauschen.

Samengewinnung

Obwohl manche Pflanzen bereits im ersten Vegetationsjahr einen Blütenstängel ausbilden, brauchen Sie für kräftige Samen zweijährige Pflanzen. Das ist bei frosthartem Herbst- und Winterporree ganz einfach, denn die Pflanzen bleiben im Freiland und werden durch Anhäufeln der Erde geschützt. Sie können auch nach Bedarf ernten und die restlichen Pflanzen für die Samengewinnung stehen lassen. Sommerporree ist empfindlicher und muss deshalb durch einen Folientunnel geschützt werden. Andere Möglichkeit: Die Pflanzen vor dem ersten Frost ausgraben und mit reichlich Erde an den Wurzeln einzeln und aufrecht in hohe Blumentöpfe stellen und in einem relativ trockenen Keller überwintern. Sobald der Boden im Frühjahr wieder offen ist, die Pflanzen ins Beet setzen, blühen und fruchten lassen.

Geschichte und Geschichten

Als Wildpflanze gibt es Porree nicht, doch eng verwandt ist die Pflanze mit Perlzwiebeln oder Sommerknoblauch (siehe oben), die aus dem Mittelmeerraum stammen und auch heute dort noch wild wachsen. Eine ähnliche Art gab es im Alten Ägypten als Salat- und Gewürzpflanze. Die Kulturpflanze Porree wurde im frühen Mittelalter in Italien angebaut und hat sich von dort im restlichen Europa verbreitet.

Für die Samenernte brauchen Sie

- Stützstäbe und Schnur
- Gartenschere
- Tablett oder Teller

Tipp

Sobald der Blütenstängel etwa 50 cm hoch ist, sollten Sie ihn wie Tomaten an Stützstäbe binden: Samentragende Blütenkugeln, die knicken und am feuchten Erdboden liegen, können faulen oder von Pilzen befallen werden.

Entnahme der Samen

Die Pflanzen blühen und die kugeligen Samenstände reifen lassen, bis sie braun und ganz trocken sind. Abschneiden und auf einem Tablett oder auf Tellern noch zwei bis drei Wochen trocknen lassen; dabei fällt ein großer Teil der Samen ab. Die restlichen Samen abstreifen und zum Aufbewahren in Tüten oder Fläschchen füllen.

Anzucht der Samen

Porreesamen sind groß genug, dass man sie einzeln in die Erde stecken kann. Sommerlauch zieht man vor, und nach etwa acht Wochen sind die Jungpflanzen groß genug fürs Freiland. Zwischen den Pflanzen lässt man 15 bis 20 cm, zwischen den Reihen 30 bis 40 cm Abstand.

Vegetative Vermehrung

Den Blütenstiel, der sich im zweiten Vegetationsjahr bildet, Anfang Mai vorsichtig aus dem Schaft schneiden. Unterirdisch bilden sich pro Pflanze dann mindestens zwei Brutzwiebeln, die Sie im Sommer ausgraben können. Kleine Zwiebeln für die Vermehrung stecken, größere zum Essen ernten. Durch Zwiebeln vegetativ vermehrte Porreepflanzen bleiben vegetativ und bilden ihrerseits wieder Brutzwiebeln.

Auswahl

Es gibt so viele Sorten, dass Sie nur nach Geschmack, Schaftdicke, Laubfarbe und Anbauzeit auswählen müssen. Im ersten Vegetationsjahr früh blühende Pflanzen sollte man nicht vermehren.

Arten und Sorten

Echte Perlzwiebeln *(Allium ampeloprasum)*, auch Perllauch oder Sommerknoblauch genannt, sehen aus wie dünne Schnittlauchhalme mit kleiner Zwiebel. Sie wachsen büschelweise wie Schnittlauch, werden bis zu 60 cm hoch und tragen wie Knoblauch flache, etwa 2 cm breite Blätter. Man steckt sie im August und kann von September ab den ganzen Winter über ernten. Die Pflanzen blühen gewöhnlich nicht, sondern werden vermehrt, indem man das Zwiebelbüschel teilt, sobald das Laub im Sommer dürr geworden ist.

Puffbohne

Vicia faba var. major; Vicia faba var. equina · Familie der *Fabaceae* (Schmetterlingsblütler) · Schwachzehrer · einjährig

Auf einen Blick

- Andere Namen: Dicke Bohne, Große Bohne, Sau-, Acker-, Pferdebohne
- Fremdbefruchtung durch Insekten, Selbstbefruchtung
- Verkreuzung: mit Puffbohnensorten
- Vermehrung: generativ durch Samen, einfach
- Blütezeit: je nach Sorte ab Mai
- Samenernte: je nach Sorte August und September
- Haltbarkeit der Samen: maximal fünf Jahre
- Direktsaat: ja, Anfang bis Mitte März
- Anbau: im Freilandbeet
- Boden: tief gelockert, sandiger Lehm bis Lehm, kalkreich
- Bester Standort: halbschattig bis sonnig mit hoher Luftfeuchtigkeit
- Mischkultur: siehe Tipp
- Permakultur: nein

Puffbohnen gehören zu den Bohnen der Alten Welt – im Gegensatz zu Stangenbohnen und anderen Gartenbohnen, die aus Süd- und Mittelamerika stammen. Wild wachsende Puffbohnen sollen im Himalaja und Nordafrika gefunden worden sein. Die kräftigen Pflanzen wachsen aufrecht etwa 1 m hoch, tragen blaugraue Blätter und duftende, weiße oder rote Blüten: geformt wie Schmetterlinge, auf deren »Flügeln« ein schwarzer Fleck sitzt.

Mischkulturtipp

Puffbohnen wachsen am Rand der Beete am besten. Kulturpartner können Kartoffeln sein, mit anderen Hülsenfrüchten vertragen sie sich nicht.

Erstaussaat

Getrocknete Kerne bei Ökosämereien kaufen oder eintauschen. Andere Möglichkeit: Freunde oder Ihren Biogärtner um überreife Hülsen bitten, die Sie zu Hause nachtrocknen (siehe Samengewinnung).

Anbautipp

Um den Boden mit Kalk zu versehen, Eierschalen sammeln, mahlen und in die Erde einarbeiten. Damit die Schalen geruchlos sind, werden sie ausgewaschen und/oder an der Luft getrocknet und dann in einem offenen Karton gelagert.

Samengewinnung

Sie ist wie bei anderen Bohnen und bei Erbsen ganz einfach: Die Pflanzen bilden dicke Hülsen, die sich mit zunehmender Reife schwarz und lederartig färben; bei manchen Sorten springen sie auch auf. Reifen lässt man sie gewöhnlich an der Pflanze, nur bei anhaltend feuchtem Wetter schneidet man sie lieber ab und lässt sie nachtrocknen. Die unteren Hülsen reifen schneller, die Samen darin sind kräftiger.

Für die Samenernte brauchen Sie

- Gartenhandschuhe
- Gartenschere
- Tuch oder Tücher zum Trocknen

Entnahme der Samen

Sobald sich die Hülsen deutlich verfärbt haben, schneidet man sie von der Pflanze und lässt sie in einem trockenen Raum auf Tüchern trocknen, bis sie rascheln. Die Kerne nun aus den Hülsen holen und ausgebreitet noch einige Tage ruhen lassen, bis sie beim Schütteln in einem Glas richtig klappern. In Schraubgläser füllen und den Winter über kühl aufbewahren.

Anzucht der Samen

Puffbohnen vertragen viel mehr Kälte als Gartenbohnen, und man legt sie schon bei Temperaturen unter 10 °C, damit die Hülsen an den Pflanzen ausreifen; in der Sommerhitze setzen die Pflanzen oft auch keine Hülsen mehr an. Legen Sie die Samen in 15 cm Abstand pro Bohne und in 60 cm Abstand pro Reihe. Für die Reihen jeweils etwa 5 cm tiefe Rinnen in die Erde graben, die Samen hineinlegen und dünn mit Erde bedecken.

Auswahl

Puffbohnen tragen stehende oder hängende Hülsen mit vier bis acht großen Samen, die je nach Sorte weiß, grün oder braunrot gefärbt sind. Die Pflanzen sollten standfest wachsen, reichlich Hülsen bilden und wenig anfällig für die schwarze Bohnenlaus sein

Gegen die Laus

Bis jetzt ist es mir noch nicht gelungen, Puffbohnen ohne Läusebefall zu ziehen, egal, ob ich sie früh oder spät gelegt habe, ob ich die Triebspitzen entfernt, Rhabarbertee oder Brennnesseljauche gespritzt habe. Dabei ist mein Garten ein Biotop mit vielen Nützlingen, und auf den Pflanzen sitzen immer eine Menge Marienkäfer, deren Larven jedoch offenbar mit dem Vertilgen der Blattlaushorden nicht nachkommen. Ein wenig hilft es, wenn Sie die Bohnen im Halbschatten wachsen lassen und/oder stark befallene Triebe knapp über dem Erdboden abschneiden. Die Pflanze treibt dann neu aus, und zwar gewöhnlich nach der Läusezeit. Dennoch rücke ich den Schädlingen mit einem biologischen Pflanzenschutzmittel zu Leibe, denn zu viele Läuse verursachen Pilzinfektionen, sodass man die Samen nicht mehr verwenden kann.

Geschichte und Geschichten

Sicher bezeugt ist die Kultur der Puffbohne seit Jahrhunderten im Mittelmeerraum und Vorderen Orient; in diesen Regionen zählen sie zum Traditionsgemüse, während sie weiter nördlich eher als Viehfutter, Arme-Leute-Essen und getrocknet als minderwertige Brotzutat galten, wenn Getreide knapp war. Während man bei den einheimischen Sommersorten nur die unreifen Samen aus den grünen Hülsen isst, gibt es in den Mittelmeerländern auch Frühjahrssorten mit zarten Hülsen, die man wie Zucchini braten und marinieren kann.

Radicchio

Cichorium intybus L. var. foliosum · Familie der *Compositae* (Korbblütler)
Mittelzehrer · zweijährig · mehrjährig möglich

Auf einen Blick

- Andere Namen: Radicchio Rosso, Cicorino Rosso
- Fremdbefruchtung durch Insekten
- Verkreuzung: mit allen Cichoriumsorten, also auch mit Zuckerhut und Endivie
- Vermehrung: generativ durch Samen, einfach

- Blütezeit: zweites Vegetationsjahr im Juli
- Samenernte: zweites Vegetationsjahr ab September
- Haltbarkeit der Samen: maximal fünf Jahre
- Direktsaat: ja; für Salat Mitte Juni bis Ende Juli; für Überwinterung/Samengewinnung Ende Juli bis Anfang August
- Vorzucht: möglich; für Salat Mitte Juni bis Ende Juli; für Überwinterung/Samengewinnung Ende Juli bis Anfang August
- Pflanzung: etwa vier Wochen nach Aussaat
- Anbau: im Freilandbeet, Schnittendivie im Blumentopf
- Boden: tief gelockert, schwach lehmig, mit hohem Humusanteil
- Bester Standort: sonnig bis leicht schattig
- Mischkultur: ☺ am besten nach Erbsen, Zuckererbsen oder Frühkartoffeln ☹ Salat, Petersilie oder Möhren
- Permakultur: möglich

Radicchio und Zuckerhut sind eng mit der Wegwarte verwandt und entwickeln sich auch so: Im ersten Vegetationsjahr bildet sich die Blattrosette, die wir als Salat ernten. Im zweiten Jahr wächst aus der langen Pfahlwurzel ein bis zu 1,50 m hoher Stängel, der sich nach allen Seiten verzweigt, und mit den vielen Trieben, Blüten und Blättern wirken die ausgewachsenen Pflanzen fast schon wie Büsche. Die blauen Blütensterne öffnen sich nur bei Sonnenschein, verblühen auch rasch wieder, werden aber den ganzen Sommer über durch neue ersetzt.

Erstaussaat

Samen oder Jungpflänzchen kaufen oder eintauschen.

Samengewinnung

Dafür brauchen Sie zweijährige Pflanzen, die Sie spät im Jahr ansäen, als Jungpflanzen ab September ins Gewächshaus oder Frühbeet setzen und dort überwintern. Im Frühjahr ab Mitte April dann ins Freiland pflanzen, blühen und fruchten lassen.
Da die Pflanzen Frost noch besser als Endivie vertragen, können sie mit Kälteschutz auch an Ort und Stelle überwintern. Im Herbst also mit Erde anhäufeln, gegebenenfalls mit Wintervlies und Laub oder mit einem anderen Winterschutz abdecken.

Für die Samenernte brauchen Sie

- Stützstäbe und Schnur
- Schüsselchen oder Karton

Tipp

Sobald die Blütenstände etwa 50 cm hoch sind, die Radicchiopflanzen wie Tomaten an Stützstäbe binden: Wenn die Samenträger am feuchten Erdboden liegen, können sie faulen oder von Pilzen befallen werden.

Geschichte und Geschichten

Radicchio und Zuckerhut stammen von der Wilden Zichorie ab, die man als Wegwarte beim Spazierengehen an Feldrändern sehen kann: Hohe, durch ihre sparrigen Stiele etwas herb wirkende Pflanzen mit blauen Blütensternen. Die Wurzeln der Zichorie wurden seit Mitte des 18. Jahrhunderts als Ersatz für teuren »Bohnenkaffee« unters Volk gebracht. Vermutlich zur selben Zeit nahmen sich Züchter auch die oberen Teile der Pflanze vor: Die schmalen, harten und bitteren Blätter, die man bereits in der Antike als Arzneimittel genutzt hatte, wurden allmählich breiter und fleischiger, schmeckten milder und kamen als Salat und Frischgemüse auf den Tisch.

Entnahme der Samen

- Die Pflanzen blühen und die Samen reifen lassen, bis die Samenhüllen braun sind. Radicchio blüht wochenlang, die ersten Samen sind die besten. Auch sind sie bei Vögeln so beliebt, dass man mit der Ernte nicht zu lange warten sollte.
- An einem trockenen Tag zupft man die Hüllen mit den Samen ab und gibt

Nach der Überwinterung muss man die Pflanzen zeitig wieder ins Freiland setzen. Wenn die Blütentriebe schon ausgebildet sind, vertragen sie das Umpflanzen schlecht.

sie in den Erntebehälter – am besten ausgelesen und ohne die Hülle.

- Oder man walkt sie auf einem nicht zu harten Untergrund mit der Nudelrolle, bis die Samen sich aus den Hüllen lösen. Dann auslesen, die Samen eine weitere Woche trocknen lassen und zum Aufbewahren in Tüten oder Fläschchen füllen.

Anzucht der Samen

Die Samen sind groß genug, dass man sie einzeln in die Erde legt. Abstand zwischen den Pflanzen 15 bis 20 cm, zwischen den Reihen 30 bis 40 cm. Die Samen festdrücken, damit sie Bodenkontakt bekommen, und leicht mit Erde bedecken.

Anbautipp

Radicchio ist je nach Sorte mehrjährig und vermehrt sich selbst im Garten, oft sogar wie Wildkräuter. Sie können ihn dann als Salat ab Mitte April ernten.

Auswahl

Es kommt vor allem darauf an, ob Sie lieber milden oder herben Radicchio mögen. Außerdem gibt es runde Köpfe mit eng anliegenden Blättern oder Radicchio di Treviso mit länglichen und sehr aromatischen Blättern, die man gut voneinander trennen kann.

Sortentipp

Zuckerhut *(Cichorium intybus L. var. foliosum Hegi)*, auch Fleischkraut, Herbstzichorie oder Zichoriensalat genannt, erinnert mit seinen schlanken, hohen Köpfen an Spitzkraut, doch beim Kosten merkt man den Unterschied sofort: Zuckerhut besitzt den herb-bitteren Geschmack seiner Verwandten Radicchio oder Chicorée. Man erntet ihn als Salat gewöhnlich vor Winterbeginn, doch Zuckerhut verträgt Frost, und Stauden mit glasigen Blättern sind nicht wie Kopfsalat »erfroren« und ungenießbar, sondern tauen bei Zimmertemperatur wieder auf. Deshalb können die Pflanzen auch für die Samengewinnung im Freiland bleiben.

Rettich

Raphanus sativus var. niger · Familie der *Cruciferae* (Kreuzblütler)
Mittelzehrer · zweijährig

Auf einen Blick

- Andere Namen: Radi, Rettig
- Fremdbefruchtung durch Insekten
- Verkreuzung: mit Radieschen
- Vermehrung: generativ durch Samen, schwierig
- Blütezeit: zweites Vegetationsjahr ab Juni über viele Wochen
- Samenernte: zweites Vegetationsjahr über viele Wochen bis September
- Haltbarkeit der Samen: maximal sechs Jahre
- Direktsaat: ja, für Sommerrettich zum Essen Ende April bis Juni, für Samengewinnung Ende August, für Herbst- und Winterrettich zum Essen Mitte Juni, für Samengewinnung Anfang Juli
- Vorzucht: nein
- Pflanzung: –
- Anbau: Freilandbeet
- Boden: tief gelockert, sandiger Lehm mit hohem Humusanteil, nicht frisch gedüngt
- Bester Standort: halbsonnig
- Mischkultur: ☺ Erbsen, Buschbohnen, Salat, Möhren
☹ Radieschen
- Permakultur: nein

Rettiche sind zweijährige Pflanzen, die im ersten Jahr nur eine Blattrosette mit kräftiger Wurzel bilden. Im zweiten Vegetationsjahr entwickelt sich der Blütenstand, der je nach Sorte bis zu 2 m hoch wächst und zahlreiche, kleine weiße essbare Blüten trägt. Daraus reifen die Schoten mit relativ großen Samen, die sich gut dosieren lassen. Rettich als Gemüse sät man früher als für Samengewinnung; man erntet ihn nur im ersten Vegetationsjahr, weil die fleischigen Wurzeln bei der Überwinterung pelzig oder holzig werden.

Erstaussaat

Samen bei Ökosämereien kaufen oder eintauschen.

Samengewinnung

Dazu brauchen Sie zweijährige Pflanzen, und die kräftigsten Samen bekommen Sie von Sommer- und Winterrettich, die auf dem Beet überwintern können. Gewöhnlich überstehen nicht alle Pflanzen den Frost, doch die Samenausbeute ist immer noch beträchtlich. Wenn Sie Rettich im Keller überwintern wollen, ziehen Sie die Pflanzen aus dem Boden, kürzen die Blätter ein und setzen sie einzeln mit Erde in Blumentöpfe. Die Töpfe entweder in den Keller oder ins frostfreie Gewächshaus stellen. Im Frühjahr setzt man die Rettiche dann wieder ins Beet und gießt sie kräftig an. Der Abstand zwischen den Pflanzen sollte etwa 30 cm betragen.

Für die Samenernte brauchen Sie

- Stützstäbe und Schnur
- Gartenhandschuhe
- Gartenschere
- große Papiertüte

Tipp

Rettichpflanzen für die Samenernte entwickeln häufig dicke Strünke. Damit sie nicht umfallen, muss man sie wie Tomaten an Stützstäbe binden. Denn Samenstände, die am feuchten Erdboden liegen, können faulen oder von Pilzen befallen werden.

Geschichte und Geschichten

Rettich stammt vermutlich aus Vorderasien und ist schon vor der Zeitenwende von verschiedenen Völkern als wichtige Gemüsepflanze kultiviert worden: Ein Zentrum lag in Südeuropa, das andere in Ostasien, wo man aus der gedrungenen Wurzel mit scharfem Geschmack milde Sorten mit langer Wurzel gezüchtet hat; noch heute gehört dieser Daikon-Rettich zum wichtigsten Gemüse in China und Indien und ist eine Grundzutat der japanischen und koreanischen Küche – mit einem Pro-Kopf-Verbrauch von bis zu 30 kg pro Jahr. In Europa, wo man Rettich vorwiegend roh isst, sind eher die schärferen Varietäten gefragt.
Radieschen sind keine so alten Kulturpflanzen wie Rettich: Erst im 16. Jahrhundert war das weiße Radieschen aus der Gegend um Basel bekannt, das rote sei aus Italien gekommen. Im 17. Jahrhundert wurden Radieschen dann in fast allen Ländern Europas gezogen.

Entnahme der Samen

- Die Pflanzen blühen und die Samen reifen lassen, bis die Schoten hellgrau und so trocken sind, dass sie rascheln; die Schoten springen jedoch auch bei Vollreife nicht auf.
- Der Reifevorgang dauert unterschiedlich lange, und deshalb können Sie wochenlang bis etwa Anfang September ernten. Länger sollten Sie nicht warten, denn die ersten Samen sind die besten, und »alte« Pflanzen können von Pilzinfektionen befallen sein. Deshalb lieber rechtzeitig vitale Pflanzen abschneiden und kopfüber zum Trocknen aufhängen.
- Die Schoten ernten Sie möglichst an einem trockenen Tag: Die Samenstände abschneiden und kopfüber in eine große Papiertüte stecken. In einem warmen, luftigen Raum drei Tage nachtrocknen lassen.
- Die braunen runden Samenkörner aus den Schoten lösen.
- Die Samen eine weitere Woche trocknen lassen, dann zum Aufbewahren in Tüten oder Fläschchen füllen.

Anzucht der Samen

Rettich sät man in Reihen und dünnt die Jungpflänzchen aus: Die zarten Blättchen schmecken gut im Salat.

Auswahl

Bei der Auslese wählt man gesunde, mittelgroße Pflanzen mit milder oder scharfer, in jedem Fall aber fleischiger Wurzel, die nicht holzig oder pelzig sein sollte. Gut sind auch Sorten mit schönen, saftigen Blättern, aus denen man Suppe kochen kann.

Arten und Sorten

- Schwarzer Winterrettich mit runder oder langer Wurzel ist weniger frostempfindlich als weißer oder roter Rettich und lässt sich gut einlagern, ohne pelzig zu werden.
- Langer Daikon-Rettich schmeckt besonders mild und eignet sich gut für Gemüse, auch gebraten im Wok.
- Radieschen *(Raphanus sativus var. sativus)*, auch Radies, Radie oder Monatsrettich genannt, ist einjährig, blüht und fruchtet also schon im ersten Vegetationsjahr. Die Samen gewinnt und erntet man wie beim Rettich.
- Schlangenradies *(Raphanus sativus var. caudatus)*, auch Rattenschwanzrettich, Rattenschwanzradies, Japan Radies oder Radies von Madras genannt, stammt aus Java und Indien. Die Pflanzen baut man nicht wegen der Wurzeln an, sondern wegen der langen Schoten, die intensiv nach Radieschen schmecken und knackig im Biss sind. Schlangenradies gedeihen gut auf sandigen Böden, wachsen hoch und so buschig, dass sie irgendwann eine Stütze brauchen. Sie mögen Sonne bis Halbschatten und können bis in den Spätherbst geerntet werden. Für die Samengewinnung lassen Sie einfach einige Schoten ganz ausreifen.

Rosenkohl

Brassica oleracea var. gemmifera · Familie der *Cruciferae* (Kreuzblütler)
Starkzehrer · zweijährig

Auf einen Blick

- Andere Namen: Sprossenkohl, Brüsseler Kohl, Rosenwirsing
- Fremdbefruchtung durch Insekten
- Verkreuzung: mit allen Sorten der Art *Brassica oleracea*
- Vermehrung: generativ durch Samen, einfach
- Blütezeit: zweites Vegetationsjahr ab Juni
- Samenernte: zweites Vegetationsjahr ab August
- Haltbarkeit der Samen: mindestens sechs Jahre
- Direktsaat: ja, für Gemüse Mitte April bis Mai, für Samengewinnung im Juni
- Vorzucht: Anfang Februar bis Juli
- Pflanzung: etwa drei Wochen nach Aussaat
- Anbau: im Beet
- Boden: tief gelockert, sandiger Lehm mit hohem Humusanteil, mit kompostiertem Mist oder Kompost gedüngt
- Bester Standort: sonnig
- Mischkultur: ☺ Sellerie, Salat, Erbsen, Kartoffeln, Tomaten ☹ Zwiebeln, Senf und alle Sorten der Art *Brassica oleracea*
- Permakultur: nein

Rosenkohl ist wie alle anderen Sorten von *Brassica oleracea* eine zweijährige Pflanze. Im ersten Jahr wächst der dicke Strunk mit den Röschen an den

Blattachseln bis zu 1 m hoch. An Pflanzen, die Sie für die Vermehrung ausgewählt haben, lassen Sie die Röschen in der Mitte des Strunkes stehen; was oben und unten wächst, können Sie ernten. Im zweiten Vegetationsjahr streckt sich der Stängel noch, und die Pflanzen brauchen eine Stütze. Es bilden sich zahlreiche gelbe, essbare Blüten, die nach und nach zu Schoten mit Samen reifen.

Erstaussaat

Pflänzchen oder Samen Ihrer Wahl bei Ökosämereien kaufen oder eintauschen.

Verkreuzungstipp

Zu den Sorten der Art *Brassica oleracea* gehören außer Rosenkohl auch Grünkohl, Markstammkohl und Ewiger Kohl, Weißkohl, Rotkohl und Wirsing, Blumenkohl, Brokkoli und Kohlrabi. Alle diese Sorten muss man für die Samenvermehrung einzeln kultivieren, damit sie sich nicht verkreuzen.

Samengewinnung

Dafür brauchen Sie zweijährige Pflanzen, die Sie im Herbst nicht wie Weißkohl (Kopfkohl) ausgraben müssen: Die Pflanzen vertragen Frost und können deshalb an Ort und Stelle überwintern.

Doch Kälteschutz ist besser, vor allem, wenn der Frost über Tage oder sogar Wochen andauert. Im Herbst also mit Erde anhäufeln, gegebenenfalls mit Wintervlies und Laub oder mit einem anderen Winterschutz abdecken.

Für die Samenernte brauchen Sie

- Stützstäbe und Schnur
- Gartenhandschuhe
- Gartenschere
- große Papiertüte

Tipp

Rosenkohlpflanzen wachsen während der Blüte und Samenreife sehr hoch. Damit sie nicht umfallen, muss man sie wie Tomaten an Stützstäbe binden. Denn Samenstände, die am feuchten Erdboden liegen, können faulen oder von Pilzen befallen werden.

Entnahme der Samen

- Die Pflanzen blühen und die Samen reifen lassen, bis die Schoten trocken und goldbraun sind. Der Reifevorgang dauert unterschiedlich lange, und deshalb können Sie auch mehrmals ernten. Beginnen die Schoten zu rascheln, springen sie auf, und die Samen fallen zu Boden. Das schadet jedoch nicht, denn jede Kohlpflanze bildet allein hunderte von Schoten aus.

Geschichte und Geschichten

Rosenkohl, der Jüngste aus der Kohlfamilie, stammt aus Belgien: Zum ersten Mal taucht er als Brüsseler Kohl im Jahr 1785 auf – entweder als spontane Mutation oder gezielte Züchtung von hochstämmigem Sprossenkohl. Dieser »Tausendköpfige Kohl« wird heute nicht mehr kultiviert. Seit Beginn der 60er-Jahre des vorigen Jahrhunderts kommen zunehmend Hybridsorten (siehe Glossar) auf den Markt – ein Grund mehr für die Samenzucht von Rosenkohl.

- Ernten Sie möglichst an einem trockenen Tag: Die Samenstände abschneiden und sofort kopfüber in eine große Papiertüte stecken. In einem warmen, luftigen Raum drei Tage nachtrocknen lassen.
- Die braunen runden Samenkörner durch Reiben aus den Schoten lösen.
- Die Samen eine weitere Woche trocknen lassen, dann zum Aufbewahren in Tüten oder Fläschchen füllen.

Anzucht der Samen

Rosenkohl kann man einzeln säen: Die Samen mit einer Pinzette fassen, leicht in die Erde drücken und mit Erde bedecken. Die Keimung hängt von der Temperatur ab: Bei 12 °C zeigen sich erste Blättchen nach etwa zwei Wochen

Auswahl

Bei der Auslese wählt man gesunde, mittelgroße Pflanzen mit Röschen über

Ewiger Kohl wird vegetativ vermehrt und eignet sich für Permakultur.

die gesamte Länge des Stängels. Die Röschen sollten typisch nach Kohl, leicht süß und nicht bitter schmecken; sie müssen fest und geschlossen sein.

Arten und Sorten

- Grünkohl *(Brassica oleracea var. sabellica L.)*, auch Federkohl, Braunkohl oder Krauskohl genannt, sowie Markstammkohl *(Brassica oleracea convar. acephala var. medullosa)* sind sehr winterhart und werden ebenso kultiviert und vermehrt wie Rosenkohl.
- Ewiger Kohl *(Brassica oleracea var. ramosa)*, auch Pflückkohl und Tausendköpfiger Kohl genannt, sieht aus wie Wilder Kohl, der von den Küsten Nordeuropas stammt. Die Pflanze ist mehrjährig, wächst bis zu 1 m hoch und braucht etwa 1 m^2 Platz, weil sie einen regelrechten Strauch bildet, dessen Blätter man über Monate ernten kann. Ewiger Kohl blüht nicht, sondern wird vegetativ durch Stecklinge vermehrt: Im März oder April schneidet man junge Seitentriebe ab und steckt sie in einen Topf mit einer Mischung aus Gartenerde und Sand. Die Wurzeln bilden sich rasch, und die Pflanzen können Mitte Mai ins Beet gesetzt werden.

Rote Bete

Beta vulgaris ssp. vulgaris convar. vulgaris var. vulgaris · Familie der *Chenopodiaceae* (Gänsefußgewächse) · Mittelzehrer · zweijährig

Auf einen Blick

- Andere Namen: Rote Rübe
- Fremdbefruchtung durch den Wind
- Verkreuzung: mit Mangold, Futterrübe, Zuckerrübe und Rote-Bete-Sorten untereinander
- Vermehrung: generativ durch Samen, einfach
- Blütezeit: im zweiten Vegetationsjahr ab Juli
- Samenernte: im zweiten Vegetationsjahr ab Ende August
- Haltbarkeit der Samen: mindestens sechs Jahre
- Direktsaat: ja, ab April für Gemüse, Ende Juni für Samengewinnung
- Vorzucht: möglich, ab April für Gemüse, ab Juni für Samengewinnung
- Anbau: im Freilandbeet
- Boden: tief gelockert, leicht sandig bis schwach lehmig, nicht frisch gedüngt
- Bester Standort: sonnig
- Mischkultur: ☺ Zwiebeln, Kohl, Stangenbohnen, Tomaten und Erdbeeren

☹ Möhren, Mangold und Spinat

■ Permakultur: nein

Rote Bete treibt genau wie andere Gänsefussgewächse zahlreiche, bis zu 1,20 m hohe und sehr verzweigte Blütenstände mit ganz unscheinbaren Blüten, die zu Samen heranreifen. Es bilden sich bis zu fünf, meist aber nur drei miteinander verwachsene Samen – botanisch korrekt sind es Früchte –, die wie ein winziges Knäuel wirken und sich leicht säen lassen.

Erstaussaat

Samen bei Ökosämereien kaufen oder eintauschen.

Samengewinnung

Dazu brauchen Sie zweijährige Pflanzen, die Sie überwintern lassen: Die Knollen mit den Wurzeln vorsichtig ausgraben und dabei darauf achten, dass die innere Blattrosette, die Sprossachse, unverletzt bleibt. Die Knollen mit der anhaftenden Erde aufrecht in Töpfen in einen ganz dunklen und kühlen (0 bis 5 °C) Keller stellen; dunkel sollte der Raum sein, damit die Knollen nicht austreiben und wachsen. In milden Regionen kann man die Pflanzen auch im geschützten Frühbeet oder Gewächshaus überwintern. Das überstehen gewiss nicht alle, doch die restlichen entwickeln genügend Samen. Die Knollen im Frühjahr nach den Spätfrösten bis zum Blattansatz einpflanzen und sofort gründlich gießen. Pflanzen Sie möglichst morgens an einem bedeckten Tag, denn Rote Beten mögen beim Einsetzen keine Sonne – egal, ob es sich um Jungpflänzchen oder Samenträger handelt. Die Pflanzen nun blühen lassen, bis die Samenträger trocken sind.

Für die Samenernte brauchen Sie

- Gartenhandschuhe
- eventuell Gartenschere
- Karton

Entnahme der Samen

Die großen, hellbraunen Samenknäuel durch Reiben von den Stängeln lösen und in einem offenen Karton zwei bis drei Wochen ganz trocknen lassen. Falls die Samen noch nicht dürr sind, die Stängel mit der Gartenschere abschneiden, in den Karton legen und zwei Wochen trocknen lassen. Dann die Knäuel abstreifen, eine weitere Woche trocknen lassen und schließlich zum Aufbewahren in Tüten oder Fläschchen füllen.

Anzucht der Samen

Sie können die Samen als Knäuel oder einzeln in die Erde stecken. Aus dem Knäuel wachsen meist mehrere Pflänzchen, die Sie dann vereinzeln, sobald die Blättchen fingerlang sind. Oder Sie lassen ein Pflänzchen stehen und ernten die anderen als Blättchen für den Salat.

Rote Beten aus Vorzucht brauchen ziemlich lang, bis sie anwachsen und nicht mehr so aussehen, als gingen sie gleich ein. Wie die Knollen für die Samengewinnung am besten morgens oder an einem kühlen Tag pflanzen und jedes Pflänzchen sofort gründlich gießen, sobald es in der Erde sitzt. Dann noch zwei Tage hintereinander wässern.

Geschichte und Geschichten

Trotz ihrer Rübenform gehören Rote Beten zu den engsten Verwandten des Mangolds mit dem gemeinsamen Urahn Seemangold oder Wildbete. Die Pflanzen stammen aus der riesigen Region, die von Madeira über die europäische Atlantikküste und den Mittelmeerraum bis nach Indien reicht. Eine Kulturform kannte man bereits in der Antike, doch die modernen milden Rote Beten hat man erst im 19. und 20. Jahrhundert gezüchtet. Weiße Beten – die vermutlich ältesten Nutzpflanzen aus der »Beten-Familie« – waren in Sizilien heimisch und schon lange vor der Zeitenwende in Vorderen Orient bekannt.

Auswahl

Nach dem Winterlager sollten Sie nur die haltbarsten Knollen pflanzen. Wichtig ist auch die schöne Blattbildung, denn Rote-Bete-Blätter können Sie genauso wie den eng verwandten Mangold als Gemüse zubereiten.

Sorten

Die Sorten unterscheiden sich in Form und Farbe; es gibt auch gelbe oder weiße »Rote« Beten. Wichtig ist auch, wie Sie die Knollen am liebsten essen.

- Marmorierte »Chioggia« schmeckt als Rohkost.
- Gelbe Knollen eignen sich gut für Gemüse.
- Hellfleischige Sorten nimmt man gewöhnlich zum Einlegen.
- Dunkle Sorten schmecken gegart als Suppe und Rote-Bete-Salat.

Rucola

Eruca perennis und *Eruca sativa* · Familie der *Cruciferae* (Kreuzblütler)
Schwachzehrer · einjährig und mehrjährig

Auf einen Blick

- Andere Namen: Rauke, Rukola
- Fremdbefruchtung durch Insekten
- Verkreuzung: Rucolasorten untereinander
- Vermehrung: einjährige Sorte generativ durch Samen, mehrjährige Sorte vermehrt sich selbst
- Blütezeit: ab Juni
- Samenernte: ab August
- Haltbarkeit der Samen: mindestens sechs Jahre
- Direktsaat: ja, Anfang April
- Vorzucht: nein
- Anbau: Freilandbeet, großer Blumentopf

Salatrucola *(Eruca sativa)* erkennen Sie an den weißen Blüten.

- Boden: tief gelockert, sandiger Lehm, anspruchslos
- Bester Standort: sonnig bis halbschattig
- Mischkultur: ☺ fast alle Pflanzen ☹ andere Kreuzblütler wie Kresse oder Radieschen
- Permakultur: ja

Botanisch unterscheidet man zwei Rucolaarten: die mehrjährige Wilde Rauke *(Eruca perennis oder Diplotaxis tenuifolia)* mit großen weißen Blüten und die einjährige Salatrauke *(Eruca sativa)* mit kleinen gelben Blüten; Samen gibt es von beiden Sorten. Beide sind auch Frühlings- und Sommerpflanzen, die für starkes Wachstum, volles Aroma und Samenbildung viel Licht brauchen. Rucola gedeiht am besten an einem Platz, der im Frühling reichlich Sonne, im Sommer und Herbst aber zwei oder drei Stunden leichten Schatten bietet. Die gelben Blüten sehen aus wie die der verwandten Pflanzen Barbarakraut und Raps.

Erstaussaat

Samen bei Ökosämereien kaufen oder eintauschen, in nährstoffreiche, feuchte Erde streuen und leicht andrücken.

Geschichte und Geschichten

Für ihre Karriere als auch bei uns heimisches Küchenkraut hat die angeblich mediterrane Rucola Jahre gebraucht. Als die Wiesen bei uns in den 50er- und 60er-Jahren des vorigen Jahrhunderts noch wachsen durften und immer erst Mitte Juni zum ersten Mal gemäht wurden, konnten viele unterschiedliche Blumen und Kräuter gedeihen. Darunter auch Wilde Rauke, die ich als Kind wie Sauerampfer gepflückt und mit Vorliebe gegessen habe. Das Kraut wurde vergessen und erst durch die italienische Küche wieder entdeckt. Dabei kannte man Rauke bereits im antiken Rom: Der römische Naturwissenschaftler Plinius der Ältere (23–79 n. Chr.) beschreibt die Aussaat und Verwendung als Küchenkraut, die Dichter Ovid (43 v. Chr. bis vermutlich 17 n. Chr.) und Juvenal (1./2. Jahrhundert n. Chr.) rühmen sie als Aphrodisiakum.

Samengewinnung

Die Pflanzen blühen und fruchten lassen, bis sich die Schoten verfärbt haben und so dürr sind, dass sie rascheln.

Für die Samenernte brauchen Sie

- Gartenhandschuhe
- Gartenschere
- große Papiertüte

Entnahme der Samen

Bei mehrjähriger Wilder Rauke nicht notwendig, denn die Pflanzen werfen reichlich Samen ab und vermehren sich von selbst. Die Samen der einjährigen Salatrucola sollten Sie an einem möglichst trockenen Tag ernten:

Wilde Rucola *(Eruca perennis)* blüht gelb, vermehrt sich von selbst und eignet sich für Permakultur.

ernten kann. Sie müssen anfangs auch jäten, denn Salatrucola kann von Wildkräutern verdrängt werden.

Verkreuzungstipp

Auch Salatrucola verwildert, indem sie sich mit Wilder Rucola kreuzt. Das schadet jedoch nicht – die Blätter schmecken nicht mehr ganz so pfeffrig und enthalten dafür mehr aromatische und verdauungsfördernde Bitterstoffe.

- Die Samenstände abschneiden und sofort kopfüber in eine große Papiertüte stecken. In einem warmen, luftigen Raum drei Tage nachtrocknen lassen.
- Samen aus den Schoten streifen und eine weitere Woche trocknen lassen, dann zum Aufbewahren in Tüten oder Fläschchen füllen.

Anzucht der Samen

Erforderlich nur bei Salatrucola: Die Samen breitwürfig oder in Reihen im Garten oder in einen großen Balkonkasten ausstreuen; Gewächshaus, Frühbeet und Folientunnel sind nicht notwendig. Reichlich säen, damit man ständig

Gartentipp

Wilde Rucola eignet sich als Bodendecker: Sie hält die Erde feucht, hält unerwünschte Pflanzen wie Giersch, Nelkenwurz und Klette im Zaum, lässt sich ständig ernten und treibt dadurch auch den ganzen Sommer über zarte neue Blätter aus. An den Boden stellt Rucola keine Anforderungen: Sie wächst im nährstoffreichen, gut gedüngten Tomatenbeet genauso üppig wie im kargen Kräuterbeet.

Schnittlauch

Allium schoenoprasum · Familie der *Liliaceae* (Liliengewächse)
Mittelzehrer · mehrjährig

Auf einen Blick

- Andere Namen: Binsenlauch, Graslauch, Schnittling
- Fremdbefruchtung durch Insekten
- Verkreuzung: mit anderen Schnittlauchsorten
- Vermehrung: generativ durch Samen, vegetativ durch Stockteilung, einfach; vermehrt sich auch selbst
- Blütezeit: ab Mai
- Haltbarkeit der Samen: maximal drei Jahre
- Samenernte: Juli und August
- Direktsaat: möglich, im Freiland von März bis Juli
- Vorzucht: ja, im Gewächshaus/Frühbeet ab Februar
- Pflanzung von geteilten Stöcken: im zeitigen Frühjahr
- Anbau: im Freilandbeet, im Blumentopf
- Boden: tief gelockert, keine besonderen Ansprüche, hoher Humusanteil günstig

- Bester Standort: sonnig bis halbschattig
- Mischkultur: ☺ fast jedes Gemüse ☹ andere Zwiebelgewächse, Kohl und Bohnen
- Permakultur: nein

Schnittlauch schmeckt milder als Zwiebeln, ist jedoch genauso würzig. Die Stöcke treiben im zeitigen Frühjahr aus und bilden rasch dicke, saftige Röhren, die man ernten kann – je mehr man schneidet, desto üppiger wächst er.

Erstaussaat

Samen oder Stöcke bei Ökosämereien kaufen oder eintauschen.

Für die Samenernte brauchen Sie

- Schere
- Tablett oder Teller

Samengewinnung und Entnahme der Samen

Die Stöcke blühen und die Samen reifen lassen. Die Samenstände abschneiden, auf Tablett oder Tellern trocknen und die Samen aus den Hülsen schütteln. Entweder gleich wieder aussäen oder bis zum Frühjahr in Fläschchen oder Tüten aufbewahren.

Anzucht der Samen

- Sie können Schnittlauch gleich an Ort und Stelle im Beet aussäen, müssen allerdings regelmäßig jäten. Denn aus Samen wächst er nur sehr langsam, und gegen Wildkräuter können sich nur kräftige Stöcke behaupten.

- Bei der Anzucht im Gewächshaus die Samen in Schalen mit Anzuchterde streuen und in Büscheln (Horsten) verpflanzen, sobald sie etwa fingerhoch gewachsen sind.

Vegetative Vermehrung

Am besten entwickeln sich die Stöcke, wenn man sie im Herbst ausgräbt und über den Winter einfach mit dem Erdballen im Freien liegen lasst. Sobald sich im Frühling fingerhohe Röhren gebildet haben, die Stöcke teilen und an einen Standort setzen, wo weder Schnittlauch selbst noch andere Alliumarten gewachsen sind.

Auswahl

Man wählt Pflanzen mit würzigem Aroma ohne seifigen Beigeschmack, die kräftig wachsen und sich teilen lassen, ohne danach zu schwächeln. Wenn Sie Platz für viele Stöcke haben, können Sie sowohl spät blühende Pflanzen als auch Frühblüher nehmen. Schnittlauchblüten sind sehr dekorativ, doch die Stöcke bilden nach der Blüte gewöhnlich harte Röhrchen.

Arten und Sorten

- Duftlauch *(Allium ramosum L.)*, auch Schnittknoblauch oder Chinesischer Schnittlauch genannt, mag einen sonnigen bis halbschattigen Platz. Kultiviert und vermehrt wird er wie Schnittlauch:

Geschichte und Geschichten

Schnittlauch stammt von Wildem Schnittlauch ab, der in den Bergregionen der Nordhalbkugel von Europa über Asien bis Nordamerika wächst. Wann die Pflanze kultiviert wurde, weiß man nicht genau: Alte Abbildungen lassen sich botanisch nicht einordnen, und was im Kräuterbuch (1586) von Johannes Camerarius wie Schnittlauch aussieht, nennt der Autor Schnittzwibeln und Schleißzwibeln.

Von Ende März bis Mitte Juni säen, die Stöcke alle drei bis vier Jahre teilen und an einen neuen Standort verpflanzen.

- Winterheckzwiebel *(Allium fistulosum)*, auch Winterzwiebel, Stängelzwiebel, Lauchzwiebel, Grünzwiebel oder Bundzwiebel genannt, sind dünne Stangen, zwischen 40 bis 50 cm lang; mit Röhrenblättern wie Zwiebel, doch wie Porree ohne Knolle am Wurzelende. Die Pflanzen wachsen wie Schnittlauch in Horsten, können jahrelang am selben Standort bleiben und vermehren sich durch Samen. Zur Vermehrung und Verjüngung kann man die Stöcke auch teilen und an einen neuen Platz verpflanzen.

Schwarzwurzel

Scorzonera hispanica L. · Familie der *Compositae* (Korbblütler)
Mittelzehrer · zweijährig

Auf einen Blick

- Andere Namen: Scorzonera, Winterspargel, Schötzenmiere, Skorzoner Wurzel
- Fremdbefruchtung durch Insekten
- Verkreuzung: Schwarzwurzelsorten untereinander
- Vermehrung: generativ durch Samen, einfach
- Blütezeit: zweites Vegetationsjahr ab Juli
- Samenernte: zweites Vegetationsjahr ab Juli über mehrere Wochen
- Haltbarkeit der Samen: maximal 3 Jahre
- Direktsaat: ja, von Mitte März bis Mitte April
- Vorzucht: nein
- Anbau: im Beet
- Boden: tief gelockert, schwach lehmig, feucht, mit hohem Humusanteil
- Bester Standort: sonnig
- Mischkultur: ☺ Knoblauch, Porree ☹ Kartoffeln
- Permakultur: möglich

Schwarzwurzeln sind zweijährige Pflanzen, die über 1 m hoch wachsen. Sie bilden manchmal bereits im ersten, meist aber im zweiten Vegetationsjahr zahlreiche Blütenstände mit großen gelben Blüten, die nach Vanille duften. Die langen Wurzeln mit der dicken schwarzen Schale gehören zum besten und gesündesten Gemüse, das es im Winter gibt. Triebe und Knospen der Pflanzen, die nicht für die Samengewinnung bestimmt sind, können Sie im Frühjahr auch für Gemüse und Salat ernten.

Erstaussaat

Im Herbst einige Wurzeln mit Blattansatz in der Biogärtnerei kaufen und ins Beet pflanzen. Im Beet überwintern und im zweiten Vegetationsjahr für die Samenbildung blühen lassen. Andere Möglichkeit: Samen bei Ökosämereien kaufen oder eintauschen.

Samengewinnung

- Dafür eignen sich nur Pflanzen nach der Überwinterung im zweiten Vegetationsjahr, denn Pflanzen, die bereits im ersten Jahr blühen, entwickeln keine kräftigen Wurzeln.
- Schwarzwurzeln können den Winter über in der Erde bleiben und zum Essen nach Bedarf ausgegraben werden – solange der Boden nicht gefroren ist. Wurzeln, die man bis zum Frühling noch nicht verbraucht hat, lässt man für die Samenernte weiter wachsen und blühen.

Geschichte und Geschichten

Noch im 19. Jahrhundert hießen sie auch in Deutschland Scorzonera, was sich vom italienischen Wort für schwarze Wurzel und für Giftschlange ableitet – ein Hinweis auf die medizinische Bedeutung der Pflanze als Heilmittel gegen Schlangenbiss.

Für die Samenernte brauchen Sie

- Gartenschere
- Karton

Entnahme der Samen

- Die Pflanzen blühen und die Samen reifen lassen, bis sich die Blüten ähnlich wie bei Löwenzahn in Schirmchen verwandeln – das dauert ab Juli wochenlang, wenn Sie viele Pflanzen gesetzt haben.
- Die Samenstände abschneiden, solange die Schirmchen noch nicht ganz geöffnet sind, damit nicht zu viele Samen abfallen.
- Die stäbchenförmigen Samen in einen offenen Karton abstreifen und noch zwei bis drei Tage im Schatten nachtrocknen lassen.
- Nun die Schirmchen von den Samen streifen und so weit wie möglich entfernen.

Wichtig

Schwarzwurzeln am besten in möglichst exakter Reihe säen, denn zum Ernten hebt man einen tiefen Graben aus. Dann liegen die Wurzeln so weit wie möglich frei und brechen beim Ausgraben nicht ab.

Auswahl

Bei der Auslese sollte man lange und unverzweigte Wurzeln mit schwarzer Schale und rein weißem, zartem Fruchtfleisch nehmen. Das Kraut sollte widerstandsfähig gegen Mehltau sein.

- Die Samen eine weitere Woche trocknen lassen, dann zum Aufbewahren in Tüten oder Fläschchen füllen.

Tipp

Fruchtbare Samen sind fest, taube Samen lassen sich knicken.

Anzucht der Samen

Schwarzwurzelsamen sind so groß, dass man sie einzeln in die Erde legt. Abstand zwischen den Pflanzen 10 bis 15 cm, zwischen den Reihen 30 cm. Keimung und Wachstum sind sehr langsam: Große Blätter und die Wurzeln entwickeln sich erst ab Juli/August.

Arten und Sorten

Haferwurzel *(Tragopogon porrifolius)*, auch Weißwurz genannt, trägt schmale Blätter, die an Porree erinnern und steil aufrecht in einer Rosette angeordnet sind. Ihre purpurlila Blüten öffnen sich genau wie die von Schwarzwurzeln morgens und schließen sich wieder gegen Mittag. Haferwurzeln werden genau wie Schwarzwurzeln angebaut, im ersten Jahr als Gemüse gegessen und im zweiten Vegetationsjahr durch Samen vermehrt.

Sellerie

Apium graevolens var. rapaceum · Familie der *Umbelliferae* (Doldenblütler)
Starkzehrer · zweijährig

Auf einen Blick

- Andere Namen: Knollensellerie, Wurzelsellerie, Eppich
- Fremdbefruchtung durch Insekten
- Verkreuzung: Selleriesorten untereinander, sehr selten mit Petersilie
- Vermehrung: generativ durch Samen, einfach
- Blütezeit: zweites Vegetationsjahr ab Juli
- Samenernte: zweites Vegetationsjahr ab September
- Haltbarkeit der Samen: maximal vier Jahre
- Direktsaat: möglich, ab Ende Februar
- Vorzucht: besser, ab Anfang März
- Pflanzung: nach Spätfrostgefahr ab Mitte Mai
- Anbau: im Beet
- Boden: tief gelockert, leicht sandig bis schwach lehmig, mit hohem Humusanteil, mit Kompost gedüngt
- Bester Standort: halbschattig für die Samengewinnung, sonnig für Gemüseernte
- Mischkultur: ☺ Kohl, Porree, Buschbohnen, Salat und Tomaten
☹ Kartoffeln
- Permakultur: nein

Sellerie gibt es in drei Kulturformen: als Knollen-, Stangen- und Schnittsellerie – dünne Stiele mit petersilienartigen Blättern, die man wie Kräuter verwendet. Alle sind zweijährige Pflanzen. Knollensellerie bildet im ersten Jahr eine große Blattrosette mit kräftiger Wurzel,

die sich zur Knolle verdickt. Im zweiten Vegetationsjahr wachsen aus der Rosette 30 cm bis 1 m hohe verzweigte Stängel mit weißen Blütendolden. Daraus reifen relativ kleine, längliche Samen mit Stielchen, die sich aber gut dosieren lassen.

Erstaussaat

Im Spätsommer einige möglichst kleine Knollen mit Wurzeln und Blattrosette in der Biogärtnerei kaufen und ins Beet pflanzen. Im Beet überwintern oder ausgraben (siehe unten) und im zweiten Vegetationsjahr die Samen ernten. Andere Möglichkeit: Samen bei Ökosämereien kaufen oder eintauschen.

Samengewinnung

Dazu brauchen Sie zweijährige Pflanzen, und die kräftigsten Samen bekommen Sie, wenn die Pflanzen nur kleine Knollen entwickeln und auf dem Beet überwintern. Deshalb die Knollen tiefer setzen als für Gemüsesellerie; sie bilden dann mehr Seitenwurzeln. Die Außenblätter der Rosette nicht wie gewohnt entfernen, sondern an der Pflanze lassen: Dann bleibt die Knolle klein, und das »Herz« in der Mitte ist geschützt. Überwintern im Freiland gelingt allerdings nicht immer, denn Sellerie verträgt zwar Kälte, übersteht aber Dauerfrost nur schlecht. Deshalb fahren Sie am besten zweigleisig:

- Einige Selleriepflanzen im Beet stehen lassen, mit Laub und Erde anhäufeln und mit Wintervlies abdecken.
- Einige Selleriepflanzen mit möglichst vielen Wurzeln ausgraben und dabei darauf achten, dass die Knollen möglichst intakt bleiben; sie faulen schneller an verletzten Stellen. Die Knollen im Lagerkeller überwintern und im Frühjahr wieder auspflanzen.

Für die Samenernte brauchen Sie

- Gartenschere
- große Papiertüte

Tipp

Samentragende Dolden, die am feuchten Erdboden liegen, können faulen oder von Pilzen befallen werden; deshalb gegebenenfalls hochbinden.

Entnahme der Samen

- Die Pflanzen blühen und die Samen nur so lange reifen lassen, bis sie fast dürr sind. Das dauert unterschiedlich lange, und deshalb sollten Sie auch mehrmals ernten. Denn reife Selleriesamen fallen bei windigem oder regnerischem Wetter von selbst aus.
- Ernten Sie möglichst an einem trockenen Tag: Die Samenstände abschneiden

und kopfüber in eine große Papiertüte stecken. In einem warmen, luftigen Raum drei Tage nachtrocknen lassen.

- Samen von den Stängeln in ein Sieb abstreifen und die abgefallenen Samen aus der Tüte ebenfalls ins Sieb schütten.
- Samen vorsichtig aneinanderreiben, damit die Stielchen abfallen. Dann im Sieb schwenken, um sie zu reinigen.
- Die Samen eine weitere Woche trocknen lassen, dann zum Aufbewahren in Tüten oder Fläschchen füllen.

Anzucht der Samen

Selleriesamen sind groß genug, dass man sie einzeln in die Erde legt. Abstand zwischen den Pflanzen 15 bis 20 cm, zwischen den Reihen 30 bis 40 cm. Sellerie ist ein Lichtkeimer, deshalb die Samen nur leicht mit Erde bedecken. Die Keimung erfolgt langsam und hängt von der Temperatur ab: Bei 12 °C zeigen sich erste Blättchen nach etwa vier Wochen, bei 20 °C dauert es nur etwa zwei Wochen.

Auswahl

Es gibt Sorten, die mehr Laub treiben, und Sorten, die stärkere Knollen ausbilden. Man nimmt Sorten, die kräftig nach Sellerie, aber nicht bitter schmecken. Die Knollen sollten feinfaserig und fest, aber nicht schwammig sein.

Arten und Sorten

- Stangensellerie *(Apium graevolens var. dulce)* ziehen Sie für die Samengewinnung und Entnahme genau wie Knollensellerie. Die Pflanzen, die Sie im Freien überwintern, säen Sie wie gewohnt, die anderen fürs Winterlager erst bis Mitte Juni. Dann bleiben sie kleiner und können leichter in Töpfe gepflanzt werden. In einem warmen, trockenen Sommer sehr früh angesäte Pflanzen können auch schon im ersten Vegetationsjahr Samen bilden.
- Schnittsellerie *(Apium graevolens var. socalinum)* ist einfach zu ziehen, indem man einmal ansät und die Pflanzen dann wachsen lässt – sie vermehren sich von selbst. Im Winter mit Vlies abdecken, im Frühjahr neu austreiben, blühen und aussamen lassen.

Geschichte und Geschichten

Vermutlich stammt Sellerie aus dem Mittelmeerraum, denn die ältesten Nachrichten haben Ägypter und Griechen hinterlassen. Doch damals, vor etwa 3000 Jahren, gab es noch keinen Gemüsesellerie. Genutzt wurden Blätter und Samen in der Medizin, die Blätter auch bei Begräbnisfeiern und religiösen Zeremonien. Sellerie wurde zu Siegerkränzen gebunden, taucht auf Stadtwappen und Münzen auf. Erst als man seit dem 17. Jahrhundert den kräftigen, herb-bitteren Geschmack durch Züchtung zu mildern verstand, mochten die Leute Sellerie auch als Gemüse essen.

Spargelerbse

Tetragonolobus purpureus; Syn. Lotus tetragonolobus · Familie der *Fabaceae* (Schmetterlingsblütler) · Schwachzehrer · einjährig

Auf einen Blick

- Andere Namen: Flügelerbse, englische Erbse, Kaffeeerbse
- Selbstbefruchtung, Fremdbefruchtung durch Insekten möglich
- Verkreuzung: –
- Vermehrung: generativ durch Samen, einfach
- Blütezeit: Mai bis August
- Samenernte: August bis September
- Haltbarkeit der Samen: maximal fünf Jahre

- Direktsaat: ja, Anfang Mai
- Anbau: im Freilandbeet, hoher Platzbedarf
- Boden: tief gelockert, sandiger Lehm bis Lehm, mit Humusanteil
- Bester Standort: sonnig
- Mischkultur: ☺ Salat, Möhren, Radieschen, Wildtomaten und Dill ☹ Hülsenfrüchte
- Permakultur: nein

Spargelerbsen brauchen viel Platz, denn die strauchartigen Pflanzen wachsen buschig mit 30 bis 40 cm langen Trieben und dreigeteilten graugrünen Blättern. Aus den attraktiven bordeauxroten Blüten entwickeln sich zarte Hülsen mit gerüschten Rändern. Für Gemüse nimmt man nur ganz junge, maximal 2 cm langen Hülsen.

Erstaussaat

Getrocknete Kerne bei Ökosämereien kaufen oder eintauschen. Andere Möglichkeit: Freunde oder Ihren Biogärtner um überreife Hülsen bitten, die Sie zu Hause nachtrocknen (siehe Samengewinnung).

Anbautipp

Spargelerbsen brauchen keine Rankhilfe und sind gute Bodendecker gegen unerwünschte Wildkräuter. Lässt man sie einfach wachsen, gedeihen als Nachbarn nur durchsetzungsfreudige Pflanzen wie Wildtomaten und Dill. Doch wenn man sie an Stäbe bindet, kann man dazwischen auch noch Salat, Möhren oder Radieschen anbauen.

Geschichte und Geschichten

Der erste Hinweis auf Spargelerbsen stammt aus dem Pflanzenbuch des niederländischen Botanikers und Mediziners Charles de l'Écluse, auch Carolus Clusius (1526–1609). Nach dem englischen Botaniker Thomas Martyn (1735–1825) sollen Spargelerbsen auf Sizilien in den Hügeln rund um Messina gefunden und 1596 zum ersten Mal kultiviert worden sein. Andere Wissenschaftler nennen ein großes Gebiet, das vom südwestlichen Mittelmeergebiet bis jenseits des Kaukasus reicht.
Erbse heißt die Pflanze, weil sie zur Familie der Hülsenfrüchte gehört. Spargel heißt sie, weil man nicht nur die Hülsen, sondern auch die zarten Triebe isst. Früher wurden viele Pflanzen als »Spargeln« bezeichnet, wenn man auch die Triebe gepflückt oder die unterirdischen Sprosse ausgegraben und gegessen hat. Erhalten hat sich diese Bezeichnung nur beim richtigen Spargel.

Samengewinnung

Hülsen für die Samengewinnung an den Pflanzen reifen lassen, bis sie groß und gelblich verfärbt sind; sie werden dabei nicht so brüchig wie Erbsenhülsen, sondern eher zäh. Damit sie richtig trocknen, dürfen sie nicht auf feuchter Erde liegen.

beim Schütteln in einem Glas richtig klappern. In Schraubgläser füllen und den Winter über in einem kühlen Raum aufbewahren.

Anzucht der Samen

Spargelerbsen sind frostempfindlich und sollten erst Anfang Mai gesät werden. Wenn die Blättchen dann nach etwa zwei Wochen wachsen, drohen gewöhnlich keine Spätfröste mehr. Stecken Sie die Samen mit 30 cm Abstand pro Erbse etwa 2 cm tief in die Erde. Für Reihensaat eignen sich Spargelerbsen nicht, weil sie buschig wachsen.

Auswahl

Die Pflanzen sollten kräftige Wurzeln und Stängel bilden, standfest wachsen und reichlich Hülsen ansetzen. Sorten von Spargelerbsen sind nicht bekannt.

Für die Samenernte brauchen Sie

- Gartenhandschuhe
- Grabgabel
- eventuell Gartenschere
- Korb oder Karton

Entnahme der Samen

Die Pflanzen an einem trockenen Tag aus der Erde ziehen, die Hülsen abreißen und die Pflanze auf den Kompost geben. Die reifen Hülsen nun an einem trockenen, luftigem Ort etwa drei Tage in einem großen Korb oder offenen Karton nachtrocknen lassen, bis sie rascheln. Dann die kleinen Kerne aus den Hülsen holen und ausgebreitet noch einige Tage trocknen lassen, bis sie

Speiserübe

Brassica rapa L. ssp. rapa · Familie der *Cruciferae* (Kreuzblütler)
Mittelzehrer · zweijährig

Auf einen Blick

- Andere Namen: Herbstrübe, Stoppelrübe, Weiße Rübe, Wasserrübe
- Fremdbefruchtung durch Insekten
- Verkreuzung: mit jedem Gemüse der Art *Brassica rapa*
- Vermehrung: generativ durch Samen, schwierig
- Blütezeit: zweites Vegetationsjahr ab Juli
- Samenernte: zweites Vegetationsjahr ab September
- Haltbarkeit der Samen: mindestens sechs Jahre
- Direktsaat: ja, Mitte Juli bis Mitte August
- Vorzucht: nein
- Pflanzung: –
- Anbau: im Freilandbeet, im Blumentopf (siehe Samengewinnung)
- Boden: tief gelockert, leicht sandig bis lehmig, mit hohem Humusanteil
- Bester Standort: sonnig
- Mischkultur: ☺ Buschbohnen, Erbsen, Frühkartoffeln ☹ andere Rüben und verwandte Kreuzblütler wie Kohl, Kohlrabi, Brokkoli, Rucola
- Permakultur: nein

Speiserüben sind zweijährige Pflanzen und entwickeln im ersten Jahr eine Blattrosette mit kräftiger Wurzel, der Rübe. Im Sommer des zweiten Vegetationsjahres bilden sich bis zu 1,50 m hohe die Blütenstände mit zahlreichen kleinen essbaren gelben Blüten. Aus den Blüten reifen nach und nach die Schoten mit Samen. Speiserüben als Gemüse erntet man im ersten Vegetationsjahr je nach Sorte (siehe Sortentipps) von Mai bis November. Die

Blätter der späten Herbstrüben können Sie den ganzen Winter über als Gemüse ernten.

Erstaussaat

Pflänzchen oder Samen Ihrer Wahl bei Ökosämereien kaufen oder eintauschen.

Verkreuzungstipp

Zu den Sorten der Art *Brassica rapa* gehören Chinakohl, Paksoi und Mizuna, außerdem die Speiserüben der Sorten Herbstrübe, Mairübe und Teltower Rübe. Alle diese Arten/Sorten muss man für die Samenvermehrung einzeln kultivieren, damit sie sich nicht verkreuzen.

Samengewinnung

Speiserüben für Gemüse baut man im Gartenbeet an. Für die Samengewinnung ist es aber viel praktischer, sie im ersten Vegetationsjahr in Blumentöpfen zu ziehen: In jeden Blumentopf drei Samenkörner legen, dann aber nur die kräftigste Pflanzen wachsen lassen. Die anderen entfernen und für Gemüse ins Freiland setzen. Die Töpfe im Herbst in einen dunklen Keller/Raum stellen, der nicht zu trocken und sehr kühl, aber frostfrei ist. Rüben aus dem Gartenbeet gräbt man mit den Wurzeln aus und setzt sie einzeln in Plastiktöpfe mit Erde. Im April des zweiten Vegetationsjahres werden alle Rüben, auch die Pflanzen aus den Blumentöpfen, ins Freiland gepflanzt. Die Pflanzen nun gegebenenfalls vor Spätfrost schützen und für die Samenbildung blühen lassen.

Für die Samenernte brauchen Sie

- Stützstäbe und Schnur
- Gartenhandschuhe
- Gartenschere
- große Papiertüte

Tipp

Rübenpflanzen für die Samenernte entwickeln häufig dicke Strünke. Damit sie nicht umfallen, muss man sie wie Tomaten an Stützstäbe binden. Denn Samenstände, die am feuchten Erdboden liegen, können faulen oder von Pilzen befallen werden.

Entnahme der Samen

- Die Pflanzen blühen und die Samen reifen lassen, bis die Schoten hell graubraun und so trocken sind, dass sie rascheln. Das dauert unterschiedlich lange, und deshalb können Sie auch mehrmals ernten. Reife Samen fallen zwar aus den Schoten, was aber nicht schadet: Brassicapflanzen bilden eine ganze Menge Samen.

- Ernten Sie möglichst an einem trockenen Tag: Die Samenstände abschneiden und sofort kopfüber in eine große Papiertüte stecken. In einem warmen, luftigen Raum drei Tage nachtrocknen lassen.
- Die braunen runden Samenkörner durch Reiben aus den Schoten lösen.
- Die Samen eine weitere Woche trocknen lassen, dann zum Aufbewahren in Tüten oder Fläschchen füllen.

Anzucht der Samen

Speiserübensamen kann man einzeln säen: Mit einer Pinzette fassen, leicht in die Erde drücken und mit Erde bedecken. Die Keimung hängt von der Temperatur ab: Bei 12 °C zeigen sich erste Blättchen nach etwa zwei Wochen.

Auswahl

Bei der Auslese wählt man Pflanzen mit mittelgroßen Knollen mit dünner Schale, die nicht aufplatzen. Das Fleisch sollte durchgehend zart und unten am Stiel nicht holzig sein. Da man Speiserüben auch zu milchsauer eingelegtem Rübenkraut verarbeitet, sollen sie frisch und eingelegt gleich gut schmecken. Achten Sie auch auf gute Lagerfähigkeit und kräftige Blattbildung am oberen Teil der Wurzel, denn die Blätter sind ein mineralstoffreiches Wintergemüse.

Geschichte und Geschichten

Bis weit ins 20. Jahrhundert gehörten Rüben zu den wichtigsten Gemüsepflanzen, denn man konnte sowohl die mineralstoffreichen Blätter als auch die kohlenhydrathaltigen, äußerst nahrhaften Wurzeln essen. Sie waren ganz einfach und in großen Mengen zu ziehen sowie gut zu lagern. Für Rübenkraut werden Herbstrüben geraspelt oder grob geschnitten, wie Sauerkraut milchsauer eingelegt und für den Winter konserviert.

Arten und Sorten

- Mairüben, auch Navets genannt, können Sie ab Ende Mai ernten; die kleinen zarten Rübchen isst man frisch; sie schmecken mild und fein süß mit einem Hauch von Nussaroma.
- Herbstrüben wurden einst nach der Getreideernte im Hochsommer ins umgepflügte Stoppelfeld gesät – daher auch der Name Stoppelrübe. Sie werden im Spätherbst geerntet, sind gut lagerfähig und schmecken als Rübenkraut (siehe oben).
- Teltower Rübchen, nach dem Berliner Ortsteil benannt, sind eine Sorte der Mairüben, die besonders gut auf sandigen, kalkhaltigen Böden gedeihen. Sie sind frosthart, und man kann sie zweimal pro Jahr ernten.
- Stielmus, auch Rübstiel, Stängelmus, Strippmaus oder Kniesterfinken genannt, sät man so eng aus, dass sich keine Wurzeln entwickeln können; es bilden sich nur Blattrosetten mit dicken Stielen.

Spinat

Spinacia oleracea · Familie der *Chenopodiaceae* (Gänsefußgewächse)
Mittelzehrer · einjährig

Auf einen Blick

- Fremdbefruchtung durch den Wind
- Verkreuzung: –
- Vermehrung: generativ durch Samen, einfach
- Blütezeit: Frühjahrsspinat ab Juni, Herbstspinat im April des Folgejahres
- Samenernte: Frühjahrsspinat ab Juli, Herbstspinat im Mai des Folgejahres
- Haltbarkeit der Samen: maximal fünf Jahre
- Direktsaat: ja, Frühjahrsspinat ab März, Herbstspinat von Oktober bis November
- Vorzucht: nein
- Anbau: im Freilandbeet
- Boden: tief gelockert, leicht sandig bis schwach lehmig, nicht frisch gedüngt
- Bester Standort: sonnig
- Mischkultur: ☺ Zwiebeln, Kohl, Stangenbohnen, Tomaten und Erdbeeren ☹ Möhren, Rote Beten und Mangold
- Permakultur: nein

Es gibt Spinat für jede Jahreszeit, doch für die Samengewinnung bieten sich Frühjahrsspinat und Herbst- oder Winterspinat an. Als Langtagspflanze beginnt Spinat die Blütenstände zu entwickeln, sobald die Tage zwischen zehn und 14 Stunden lang sind. Genauso wie andere Gänsefußgewächse treibt er bis zu 1,20 m hohe, zahlreiche und sehr verzweigte Blütenstände mit ganz unscheinbaren Blüten, die zu Samen heranreifen. Die Pflanzen sind getrenntgeschlechtlich oder zweihäusig, und die männlichen Pflanzen bilden weniger Blätter, schossen schneller und sterben auch rascher ab als die weiblichen.

Erstaussaat

Samen bei Ökosämereien kaufen oder eintauschen.

Samengewinnung

Gewöhnlich nimmt man dafür nur weibliche Pflanzen, weil sich deren Blattmasse üppiger entwickelt. Die Pflanzen blühen und die Samenträger trocknen lassen. Sobald sie ganz dürr sind, kann man sie ernten.

Für die Samenernte brauchen Sie

- Gartenhandschuhe
- Karton

Entnahme der Samen

An einem trockenen Tag die Samenstände der weiblichen Pflanzen abschneiden und in einem offenen Karton zwei bis drei Wochen ganz trocknen lassen. Nun die gelblichen bis hellbraunen Samenknäuel abstreifen, eine weitere Woche trocknen lassen, dann zum Aufbewahren in Tüten oder Fläschchen füllen.

Geschichte und Geschichten

Man nimmt an, dass Spinat aus einer Region stammt, die von Iran über die südöstlichen Küstenstriche des Kaspischen Meeres bis nach Nepal reicht. Sicher weiß man, dass die Araber ihn vor etwa 1000 Jahren ins eroberte Südspanien gebracht haben. Dort hat er sich dann auch rasch als Gemüse eingebürgert und wurde viel häufiger gegessen als in seiner ursprünglichen Heimat. Nach Mitteleuropa gelangte das Gemüse entweder über Spanien oder über die Kreuzfahrer aus dem Orient. Inzwischen ist er ein Gemüse der gemäßigten Zonen und der Subtropen, beliebt rund um den Erdball – außerhalb Europas vor allem in Indien, Japan und Korea.

Anzucht der Samen

Spinat ist ein Dunkelkeimer: Man sät in Reihen mit 20 bis 30 cm Abstand und bedeckt die Samen mit Erde oder streut sie breitwürfig und muss sie dann 2 bis 3 cm tief einarbeiten. Der Boden sollte feucht sein, damit die Keimung rasch erfolgt.

Stangenbohne

Phaseolus vulgaris L. ssp. vulgaris var. vulgaris · Familie der *Fabaceae* (Schmetterlingsblütler) · Schwachzehrer · einjährig

Auf einen Blick

- Andere Namen: Grüne und Gelbe Stangenbohne, Grüne Bohne, Gartenbohne
- Selbstbefruchtung, Fremdbefruchtung durch Insekten selten
- Verkreuzung: selten mit Feuerbohne
- Vermehrung: generativ durch Samen, einfach
- Blütezeit: von Juni bis September
- Samenernte: von September bis Ende Oktober 
- Haltbarkeit der Samen: maximal fünf Jahre
- Direktsaat: ja, Mitte Mai bis Anfang Juni, unmittelbar vor oder nach den Spätfrösten
- Anbau: im Freilandbeet oder im Blumentopf
- Boden: tief gelockert, leicht sandig bis schwach lehmig, mit Humusanteil
- Bester Standort: sonnig
- Mischkultur: ☺ Mais, Kürbis, Zucchini und Tomaten
☹ Hülsenfrüchte, Salat, Spinat und Kartoffeln
- Permakultur: nein

Rankende Stangenbohnen und niedrig wachsende Buschbohnen (siehe unten) gehören zu den Gartenbohnen und stammen aus der Neuen Welt – anders als Puffbohnen, die zum Gemüse der Alten Welt zählen. Im Lauf der Jahrhunderte verbreiteten sich die Gartenbohnen in vielen Sorten und allen Ländern der Erde. Übrigens gedeihen diese amerikanischen Bohnen im mitteleuropäischen Klima besser als alle Bohnen der Alten Welt. Deshalb sind Anbau und

Samengewinnung auch viel einfacher als von Puffbohnen.

Anbautipp

Stangenbohnen müssen Sie nicht anbinden: Legen Sie einfach eine Ranke, die ihren Platz noch nicht gefunden hat, an die Stange oder die Schnüre – Bohnen ranken gegen den Uhrzeigersinn! Sie »spürt« es und wird richtig ranken.

Erstaussaat

Getrocknete Bohnenkerne bei Ökosämereien kaufen oder eintauschen. Andere Möglichkeit: Freunde oder Ihren Biogärtner um überreife Hülsen bitten, die Sie zu Hause nachtrocknen (siehe Samengewinnung).

Samengewinnung

Sie ist ganz einfach: Im Herbst, wenn man das Beet abräumt, hängen noch genügend Hülsen an den dürren Pflanzen, die man beim Ernten übersehen hat. Diese Hülsen gesondert pflücken, in einem trockenen Raum auf Tüchern trocknen lassen, bis sie rascheln.

Für die Samenernte brauchen Sie

- Gartenhandschuhe
- Gartenschere
- Tuch oder Tücher zum Trocknen

Aus später Herbsternte: Getrocknete Hülsen mit Bohnensamen für die Neusaat.

Entnahme der Samen

Sobald sich die Hülsen verfärbt haben, trocken und sogar brüchig werden, zeichnen sich oft auch die Kerne deutlich sichtbar ab – vor allem bei Perlbohnen. Die Kerne nun aus den Hülsen holen und ausgebreitet noch einige Tage trocknen lassen, bis sie beim Schütteln in einem Glas richtig klappern. In Schraubgläser füllen und den Winter über in einem kühlen Raum aufbewahren.

Tipp

Auch von Gartenbohnen können Sie Hülsen und Kerne essen, sie müssen also nicht eigens Trockenbohnensorten wie Borlotto- oder Kidneybohnen anbauen: Die Hülsen isst man, solange sie noch zart und fleischig sind. Aus überreifen, faserigen Hülsen lösen Sie die Kerne und garen sie frisch als Gemüse. Die ganz ausgereiften Kerne lassen Sie für die neue Aussaat oder für Suppe trocknen.

Anzucht der Samen

Gartenbohnen legt man erst, wenn ab Mitte Mai – gewöhnlich nach den Eisheiligen – keine Spätfröste mehr drohen. Doch da Bohnen ab 10 °C Bodentemperatur keimen und mindestens zehn Tage brauchen, bis sich die Pflänzchen zeigen, können die Samen meist schon in der ersten Maiwoche in die Erde. Vorquellen der Samen ist nach meiner Erfahrung nicht notwendig, die Keimung geht nämlich nicht schneller. Zudem besteht die Gefahr, dass man die Bohnen etwas zu lange im Wasser lässt und sie dann in der feuchten Erde faulen. Für Stangenbohnen legen Sie pro Stange drei bis fünf Samen flach in die Erde, denn Bohnen sind Lichtkeimer und dürfen nur dünn mit Erde bedeckt sein.

Auswahl

Die Bohnen sollten fadenlose Hülsen tragen, dickfleischig und zart sein, die Pflanzen müssen reichlich und lange tragen: Die letzten Stangenbohnen kann man noch unmittelbar vor den ersten Nachtfrösten ernten. Außerdem

Feuerbohne

Augenbohne

sollten die Pflanzen nach dem Pflücken wieder neue Hülsen ansetzen.

Arten und Sorten

Wenn Sie gerne Bohnen essen, in den Vorrat nehmen und trocknen wollen, können Sie verschiedene Sorten anbauen; Samengewinnung und Entnahme der Samen ist wie bei Gartenbohnen.

- Buschbohnen *(Phaseolus vulgaris var. nanus)* wachsen und reifen schneller als Stangenbohnen; die Samen werden in Reihen mit 4 cm Abstand pro Bohne und 40 cm Abstand pro Reihe gelegt. Für Buschbohnen zur Samengewinnung lassen Sie einige Pflanzen etwa bis Oktober auf dem Beet stehen. Diese Pflanzen für mehr Standfestigkeit anhäufeln und regelmäßig kontrollieren: Angefaulte Hülsen müssen Sie nämlich rasch entfernen. Sie können die Pflanzen auch in große Blumentöpfe setzen. Für die Vermehrung sollten Sie nur Pflanzen auswählen, die stabil wachsen, auch bei Regen nicht umfallen und keine Ranken bilden.
- Feuerbohnen *(Phaseolus coccineus)*, auch Prunkbohnen oder Käferbohnen genannt, gelten als Stangenbohnen, obwohl sie botanisch eine andere Art sind. Sie wachsen wie Stangenbohnen und werden genauso zubereitet. Mit ihren dekorativen roten Blüten und dem dichten Laub sind sie ein attraktiver Sichtschutz. Diese Bohnen werden durch Insekten bestäubt und können sich untereinander kreuzen.

Geschichte und Geschichten

In ihrer Heimat Süd- und Mittelamerika werden Gartenbohnen seit etwa 5000 Jahren genutzt: Die Völker in Mexiko und Peru, die Bohnen lange vor der europäischen Invasion kultiviert haben, bauten ihre beiden Grundnahrungsmittel Mais und Bohnen gemeinsam an: Bohnen versorgen den Mais mit Stickstoff, während ihnen die Maispflanze als Stütze dient. Diese Anbaumethode gelingt auch bei uns: Wählen Sie dafür Sorten mit kurzen Ranken wie Stockbohne und Forellenbohne.

- Bei rankenden Perlbohnen mit kugeligen Samen schmecken sowohl die fleischigen Hülsen als auch die ausgelösten Kerne, und eine besonders ergiebige Sorte ist die Forellenbohne.
- Rankende Flageoletbohnen sind Sorten mit zarten flach-ovalen Hülsen für feines Gemüse und Gerichte aus dem Wok. Die hellgrünen bis grünweißen, schlanken und zarten Bohnenkerne nimmt man für Salat, weil sie beim Garen ihre Form behalten.
- Bei Gelben Wachsbohnen schmecken die Hülsen am besten; sie eignen sich besonders gut für Salat. Die Sorte gibt es als Stangen- und Buschbohne.
- Gesprenkelte, mittelgroße Borlottibohnen gibt es als Stangen- oder Busch-

bohne; sie werden vorwiegend zum Trocknen für Salat und Suppe angepflanzt. Doch Sie können auch die Hülsen essen, solange sie etwa fingerlang und noch sehr zart sind.

- Mondbohnen *(Phaseolus linatus)*, auch Butterbohnen, Große Weiße Bohnen oder Limabohnen genannt, gibt es als Buschbohnen und Stangenbohnen, und sie gehören wie Feuerbohnen zu den Fremdbestäubern. Man isst die getrockneten, knapp 3 cm großen Kerne, die beim Kochen die Form behalten, ordentlich »Biss« und eine angenehm mehlige Konsistenz haben. Sie eignen sich für italienische und türkische Vorspeisensalate.

Buschbohnen mit Blüten im Garten

- Augenbohnen *(Vigna unguiculata ssp. unguiculata)*, auch Schwarzaugenbohnen, Kuherbsen oder Kuhbohnen genannt, zählen zur Gruppe der Spargelbohnen; es gibt sie als buschige und rankende Sorten. Die wärmebedürftigen Pflanzen kann man vorziehen und als kleine Pflänzchen nach den letzten Spätfrösten ins Freiland setzen; am besten gedeihen sie allerdings im Gewächshaus, und die Samen reifen bei uns nur in einem langen, warmen Sommer aus. Ihre duftenden Blüten werden von Honigbienen bestäubt – sicher ein Grund, die Pflanzen zu kultivieren, denn Bienen finden bei uns immer weniger Futter. Essen kann man Blätter, Hülsen und frische Samen als Gemüse, die getrockneten Samen als Salat, Suppe oder Paste.

- Mungobohnen *(Vigna radiata var. radiata; Syn. Phaseolus aureus)*, auch Jerusalembohne und Grüne Sojabohne genannt, stammen aus Indien und haben sich im Lauf der Jahrhunderte über ganz Asien verbreitet, denn die etwa erbsengroßen, ovalen Samen zählen zu den eiweißreichsten pflanzlichen Lebensmitteln. Mungobohnen wachsen stark verzweigt bis zu 1,30 m hoch; sie sind Selbstbefruchter und gedeihen bei uns nur im Gewächshaus. Man erntet die Samen, wenn die Hülsen trocken, aber noch nicht aufgesprungen sind. Bei uns kennt man Mungobohnen vor allem als Sprossengemüse, doch man kann sie genauso wie andere Bohnenkerne zubereiten.

Tomate

Lycopersicon esculentum var. esculentum · Familie der *Solanaceae* (Nachtschattengewächse) · Starkzehrer · einjährig

Auf einen Blick

- Andere Namen: Liebesapfel, Paradiesapfel, Paradeiser, Goldapfel
- Selbstbefruchtung, Fremdbefruchtung durch Insekten möglich
- Verkreuzung: –
- Vermehrung: generativ durch Samen, einfach
- Blütezeit: ab Juni
- Samenernte: sobald die Früchte reif sind, je nach Sorte von Juni bis Oktober
- Haltbarkeit der Samen: mindestens sechs Jahre
- Direktsaat: nein
- Vorzucht: ja, Mitte Februar bis Mitte März
- Pflanzung: im Freiland ab Mitte Mai, im Gewächshaus ab Mitte April

- Anbau: je nach Sorte im Freilandbeet oder Tomatenhaus/Gewächshaus, im Blumentopf
- Boden: tief gelockert, sandiger Lehm mit kompostiertem Mist und Kompost gedüngt im Freiland, nährstoffreiche Gemüseerde im Gewächshaus
- Bester Standort: sonnig
- Mischkultur: ☺ Zwiebeln, Knoblauch, Salat, Petersilie, Bohnen, Erbsen, Möhren und Kohlrabi
☹ Erdbeeren, Nachschattengewächse wie Auberginen, Paprikaschoten und Kartoffeln
- Permakultur: nur bei Wildtomaten (siehe unten)

Kulturtomaten *(Lycopersicon esculentum var. esculentum)* sind einjährige, Wildtomaten *(Lycopersicon L. pimpinellfolium)* mehrjährige Pflanzen, die sich selber aussäen und deshalb für Permakultur eignen. Es gibt so viele Tomatensorten, dass man Jahr für Jahr andere ausprobieren kann, denn auch die Vermehrung ist ganz einfach. Wichtig bei der Sortenwahl ist also nur, ob man im Freiland, unter Regenschutz oder in Töpfen anbaut.

Erstaussaat

Aus reifen Tomaten, die Ihnen gut schmecken, die Samen wie unten beschrieben auslösen. Andere Möglichkeit: Samen bei Ökosämereien kaufen oder eintauschen.

Tomatensamen werden ausgewaschen und anschließend getrocknet.

Samengewinnung

Die Pflanzen blühen und fruchten lassen. Dann ernten, kosten und jeweils ein paar Samen aus der Frucht nehmen, die Ihnen am besten schmeckt.

Für die Samenernte brauchen Sie

- Gartenschere
- Messer
- Schälchen mit kaltem Wasser zum Auswaschen

- Küchenpapier oder dünnes Tuch zum Trocknen

Entnahme der Samen

Die reifen Früchte abschneiden, halbieren und die Samen mit einer Messerspitze aus dem Fruchtfleisch kratzen. Im Wasser reinigen, bis man das glibberige Fruchtfleisch abziehen kann. Die Samen nun nebeneinander auf Küchenpapier oder ein Tuch legen und trocknen lassen. Dabei immer wieder vom Papier/Tuch lösen und an eine andere Stelle legen, damit sie nicht feucht liegen, sondern möglichst rasch trocknen. Sobald sie ganz trocken sind, zum Aufbewahren in Fläschchen oder Tüten füllen.

Tipp

Für eine Samenentnahme ohne herbstliche Vorplanung machen Sie es so: Tomaten für den Wintervorrat in Stücke geschnitten in Schraubgläsern einfrieren. Wenn Sie zur Aussaatzeit ab Mitte Februar ein Glas für Suppe oder Sauce verbrauchen, entnehmen Sie einige Samen und legen sie diese gleich in Anzuchterde. Denn auch die meisten tiefgefrorenen Samen treiben aus.

Aussaat der Samen

Tomatensamen in etwa drei Finger breitem Abstand etwa fingernageltief in die Erde drücken. Die Anzuchtschale(n) an einen warmen, hellen Ort stellen. Für die Dauer der Keimung spielt die Temperatur eine große Rolle: Bei 21 °C zeigen sich die Blättchen nach etwa zehn Tagen. Tomaten sollten nach dem Pikieren keinen Kälteschock bekommen. Deshalb erst ins Gewächshaus stellen, wenn auch dort konstant etwa 18 °C herrschen.

Auswahl

Bei allen Tomatensorten geht es vorwiegend um den Geschmack, also darum, ob die Früchte süß oder säuerlich sind, ob sie saftig genug für Saucen und Suppen oder dickfleischig

Geschichte und Geschichten

Vermutlich kommen Tomaten ursprünglich aus Peru und Ecuador. Die Stammpflanze kennt man nicht, nur die eng verwandte Wildtomate mit kirschgroßen und roten, gelben oder orangefarbenen Früchten (siehe oben). Lange vor Kolumbus haben die indigenen Völker schon Kultursorten gezüchtet, die später den Tomatenanbau in Italien begründeten. 1550 wurden dort die ersten Tomaten angebaut, allerdings nicht als Lebensmittel, sondern als Aphrodisiakum – deshalb nannte man sie auch Liebesapfel und Paradiesapfel; Paradeiser heißen sie ja auch heute noch in Österreich. Die Italiener haben sich gegen Ende des 18. Jahrhunderts dann auch ans Kochen mit den Exotenfrüchte gemacht: Francesco Leonardi (um 1750–1790) beschreibt als erster die Verwendung von Tomaten und erklärt, wie man sie an der Luft trocknet, um sie für den Winter haltbar zu machen. Außerdem entwickelt er das erste Rezept für Pasta mit Tomatensauce.

für Salat und zum Überbacken daherkommen. Manche Sorten schmecken roh überhaupt nicht und entwickeln ihr feines Aroma nur gegart. Wichtige Auswahlkriterien sind auch die Reifezeit, damit Sie möglichst den ganzen Sommer über ernten können, und die Krautfäuleresistenz bei Freilandsorten. Außerdem sollten die Pflanzen reichlich tragen und die Früchte nicht so leicht aufplatzen.

Arten und Sorten

■ Zur Sortengruppe der Fleischtomaten gehören zum Beispiel Marmande, Costoluto oder Ochsenherz, besonders große Früchte tragen Ananas- und Kürbistomate.

Wildtomaten vermehren sich von selbst und suchen sich auch ganz eigene Plätze.

- Zur Gruppe der Eier- oder Flaschentomaten zählen San Marzano und Roma sowie Andenhorn mit Früchten, die an Spitzpaprika erinnern.
- Kleine Cocktail- oder Kirschtomaten sind zum Beispiel rosenrote Gartenperle, dunkelrote bis fast schwarze Cherry Black oder gelbe Mirabell.
- Wildtomaten *(Lycopersicum L. pimpinellifolium)* tragen nur murmelgroße Früchte, sind jedoch eine andere Art als Cocktailtomaten, kaum anfällig für Krautfäule und eignen sich ausgezeichnet für den Freilandanbau. Im Beet wachsen sie so üppig wie ein Bodendecker, und da man unmöglich alle der weintraubengroßen, süßen Früchte an langen Rispen ernten kann, fallen viele zu Boden. Im nächsten Jahr wächst daraus ab Juni ein ganzer Teppich kleiner Tomatenpflanzen. Lassen Sie davon nur zwei bei drei Pflanzen stehen, denn Wildtomaten wuchern über große Flächen. Dabei unterdrücken sie aber auch zum Beispiel Ackerwinde, Hahnenfuß und Disteln.

Topinambur

Helianthus tuberosus · Familie der *Compositae* (Korbblütler)
Schwachzehrer · vermehrt sich selbst

Auf einen Blick

- Andere Namen: Erdartischocke, Erdapfel, Erdbirne, Jerusalemartischocke, Zuckerkartoffel, Indianerknolle, Ewigkeitskartoffel, Wildkartoffel
- Fremdbefruchtung durch Insekten
- Verkreuzung: Topinambursorten untereinander
- Vermehrung: vegetativ durch Knollen, einfach, vermehrt sich selbst
- Blütezeit: ab August
- Knollenernte: von Oktober bis März
- Haltbarkeit der Knollen: etwa drei Wochen im Kühlschrank
- Direktpflanzung: ja, Oktober bis April
- Vorzucht: nein
- Anbau: im Beet
- Boden: tief gelockert, keine besondere Beschaffenheit, in schweren Böden bilden sich mehr Knollen

- Bester Standort: sonnig
- Mischkultur: meist nicht möglich, weil Topinambur alle anderen Pflanzen (auch unerwünschte Wildkräuter) unterdrückt.
- Permakultur: ja; Topinambur vermehrt sich unterirdisch, und aus jedem Knollenstückchen kann eine neue Pflanze wachsen

Topinambur ist die amerikanische Verwandte unserer heimischen Sonnenblume, wächst 2 bis 3 m hoch und trägt im Hochsommer dottergelbe, handtellergroße Blüten, die in lockeren Trauben angeordnet sind. Die aufrechten Stängel und die langen Blätter sterben bei Frost ab, doch die fleischigen Knollen sind winterhart und vertragen Frost bis zu 30 Minusgraden.

Erstpflanzung

Knollen während der Erntesaison von Oktober bis März auf dem Markt, in Biogärtnereien oder im Bioladen kaufen. Topinambur wächst auch wild am Rand von Feldern, allerdings sind die Knollen dieser Pflanzen oft sehr klein.

Für die Ernte brauchen Sie

- Gartenhandschuhe
- Handgabel

Entnahme der Knollen

Für Eigenanbau nicht erforderlich, Topinambur sorgt selbst für die Vermehrung. Zum Tauschen/Verschenken: Einfach die Knollen ausgraben und dabei darauf achten, sie nicht zu verletzen.

Anzucht der Knollen

Knollen etwa handbreit tief in lockere Erde legen und regelmäßig von Unkraut frei halten, bis die Pflanzen etwa 20 cm hoch sind. Dann brauchen sie keine Pflege mehr.

Geschichte und Geschichten

Vermutlich haben französische Forscher das Gemüse der Indianer in der Gegend des heutigen Massachusetts zuerst entdeckt. In Europa wurde Topinambur durch Franzosen und Briten verbreitet: Samuel de Champlain (1570–1635) lernte die Pflanze bei seinen Reisen kennen und brachte die Knollen Anfang des 17. Jahrhunderts nach Frankreich. Der Botaniker John Goodyer (1592–1664) soll Knollen von einem französischen Kaufmann bekommen und in englische Gärten gepflanzt haben. So kam Topinambur in die europäischen Bauern- und Bürgergärten, wo es mehr als 200 Jahre lang als kohlenhydratreiches Gemüse angebaut wurde, bevor es schließlich der Kartoffel weichen musste.

Wichtig

- Als Knollenfrucht mit unterirdischen Ausläufern wächst Topinambur wie Unkraut und braucht Platz im Garten. Am besten wählen Sie eine Stelle, wo sich die Pflanzen ausbreiten können, einen Sichtschutz bilden und gut als Heckenpflanze wirken.

- Die Knollen sollte man regelmäßig ausgraben und verbrauchen, sonst wuchern die Pflanzen. Der Anbau von Topinambur ist also nur sinnvoll, wenn Sie das Gemüse sehr gerne essen.

Auswahl

Als besonders delikat gelten die frühe Sorte »Bianka« oder »Gute Gelbe«; ich baue die spät reifende »Rote Zonenkugel« an.

Tipp

Topinambur liefert es den ganzen Winter bis ins späte Frühjahr vitaminreiche Knollen für Salat und Gemüse. Für die Aufbewahrung die Knollen ausgraben, wie Kartoffeln waschen und auf Küchentüchern trocknen lassen. Dann in Gefrierbeutel packen und in den Kühlschrank legen. Die Knollen halten sich so etwa drei Wochen frisch.

Weißkohl

Brassica oleracea convar. capitata var. alba · Familie der *Cruciferae* (Kreuzblütler) · Starkzehrer · Überwinterung

Auf einen Blick

- Andere Namen: Weißkraut, Kappes, Kappus, Kabis, Kraut
- Fremdbefruchtung durch Insekten
- Verkreuzung: mit allen Sorten der Art *Brassica oleracea*
- Vermehrung: generativ durch Samen, schwierig
- Blütezeit: zweites Vegetationsjahr ab Juli
- Samenernte: zweites Vegetationsjahr ab September
- Haltbarkeit der Samen: maximal sechs Jahre
- Direktsaat: ja, für Gemüse März bis Mai, für Samengewinnung Mitte Juni
- Vorzucht: nur für Gemüse Anfang Februar bis Anfang Juli
- Pflanzung: für Gemüse nur im ersten Vegetationsjahr drei Wochen nach Aussaat, für Samengewinnung auch im zweiten Vegetationsjahr Februar bis März
- Anbau: im Beet
- Boden: tief gelockert, sandiger Lehm mit hohem Humusanteil, mit kompostiertem Mist oder Kompost gedüngt
- Bester Standort: sonnig
- Mischkultur: ☺ Erbsen, Porree, Salat, Kartoffeln, Tomaten
  ☹ Zwiebeln, Senf und alle Sorten der Art *Brassica oleracea*
- Permakultur: nein

Geschichte und Geschichten

Die Kelten hatten drei Wörter für Kohl, aus dem sich dann die botanische Bezeichnung und der regionale Name entwickelten: neben »kol« noch »bresic« und »kap«. Das Gemüse war bereits in der Antike über den südlichen Teil Europas verbreitet und spätestens im Mittelalter auch im Norden bekannt: Der Sankt Gallener Klostergarten aus dem Jahr 820 verzeichnet ein Beet für Kohl. Doch eindeutig zu identifizieren in Wort und Bild ist Weißkohl erst im 16. Jahrhundert.

Weißkohl ist wie alle anderen Sorten von *Brassica oleracea* eine zweijährige Pflanze und gehört mit Rotkohl und Wirsing zum sogenannten Kopfkohl. Im ersten Jahr entwickelt sich das Gemüse – mehr oder weniger große Krautköpfe, rund, eiförmig oder spitz zulaufend (Spitzkohl, Filderkraut, Filderkohl). Frühe Sorten bilden Köpfe mit losen Blättern wie bei Salat, bei späten Sorten sind die Köpfe dick und fest. Im 2. Vegetationsjahr entwickelt sich ein dicker Strunk über dem Erdboden, aus dem der Blütentrieb

in der Mitte durch das Blattwerk wächst. Dann entfalten sich zuerst die Blätter, danach die kleinen, essbaren gelben Blüten auf den ausladenden, bis zu 1,70 m hohen Pflanzen. Aus den zahlreichen Blütenständen reifen nach und nach die Samen in Schoten. Kopfkohl als Gemüse erntet man im ersten Vegetationsjahr je nach Sorte zehn bis 20 Wochen nach der Aussaat.

Erstaussaat

Pflänzchen oder Samen Ihrer Wahl bei Ökosämereien kaufen oder eintauschen.

Verkreuzungstipp

Zu den Sorten der Art *Brassica oleracea* gehören außer Weißkohl auch Rotkohl, Wirsing, Markstammkohl, Ewiger Kohl, Grünkohl, Rosenkohl, Blumenkohl, Brokkoli und Kohlrabi. Alle diese Sorten muss man für die Samenvermehrung einzeln kultivieren, damit sie sich nicht verkreuzen.

Samengewinnung

Dafür brauchen Sie zweijährige Pflanzen, und die besten Samen bekommen Sie, wenn Sie den Kohl im ersten Jahr an Ort und Stelle überwintern: Die Pflanzen erst Mitte Juni setzen, damit sie klein bleiben. Im Herbst vor dem ersten Frost mit Erde anhäufeln, mit Wintervlies und Laub oder mit einem anderen Winterschutz abdecken. Andere Möglichkeit: Die Pflanzen mit Strunk und Wurzeln vorsichtig ausgraben; Kohlköpfe im Winterlager sollten intakt sein, denn an Verletzungen bilden sich Infektionen. Einzeln in Plastiktöpfe mit Erde setzen und in einen dunklen Keller/Raum stellen, der nicht zu trocken und sehr kühl, aber frostfrei ist. Die Pflanzen im Frühling wieder ins Freie setzen, gegebenenfalls vor Spätfrost schützen und für die Samenbildung blühen lassen.

Überwinterungstipp

Ausgegrabene Kohlköpfe können Sie im Keller, Erdkeller oder Gewächshaus überwintern; auch die unbeheizte Garage oder der Dachboden eignen sich. Die beste Temperatur liegt bei 0 °C, kurzfristig schaden auch bis -5 °C nicht. Wenn die Temperatur längere Zeit über 5 °C ansteigt, können die Pflanzen im Winterlager austreiben.

Kohlpflanzen brauchen Platz, weil sie große Samenstände bilden.

Pflege der Pflanzen

Die Kohlköpfe müssen Sie regelmäßig jede Woche kontrollieren: Bei Grauschimmel auf den Blättern werden diese entfernt. Faule oder infizierte Stellen mit einem scharfen, sauberen Messer ausschneiden und anschließend mit Holzasche desinfizieren.

Für die Samenernte brauchen Sie

- Stützstäbe und Schnur
- Gartenhandschuhe
- Gartenschere
- große Papiertüte

Tipp

Kohlpflanzen werden während der Blüte und Samenreife ausladend und schwer. Damit sie nicht umfallen, muss man sie wie Tomaten an Stützstäbe binden. Denn Samenstände, die am feuchten Erdboden liegen, können faulen oder von Pilzen befallen werden.

Entnahme der Samen

- Die Pflanzen blühen und die Samen reifen lassen, bis die Schoten trocken und goldbraun sind. Der Reifevorgang dauert unterschiedlich lange, und deshalb können Sie auch mehrmals ernten. Beginnen die Schoten zu rascheln, springen sie auf, und die Samen fallen zu Boden. Das schadet jedoch nicht, denn jede Kohlpflanze bildet allein hunderte von Schoten aus.
- Ernten Sie möglichst an einem trockenen Tag: Die Samenstände abschneiden und sofort kopfüber in eine große Papiertüte stecken. In einem warmen, luftigen Raum drei Tage trocknen lassen.
- Die braunen runden Samenkörner durch Reiben aus den Schoten lösen.
- Die Samen eine weitere Woche trocknen lassen, dann zum Aufbewahren in Tüten oder Fläschchen füllen.

Anzucht der Samen

Kohlsamen kann man einzeln säen: Mit einer Pinzette fassen, leicht in die Erde drücken und mit Erde bedecken. Die Keimung hängt von der Temperatur ab: Bei 12 °C zeigen sich erste Blättchen nach etwa zwei Wochen.

Auswahl

Bei der Auslese wählt man gesunde, mittelgroße und feste Köpfe, die auch nach Regenfällen nicht gesprungen sind.

Arten und Sorten

- Rotkohl *(Brassica oleracea conv. capitata var. rossa)* und Wirsing *(Brassica oleracea conv. capitata var. sabauda)* werden ebenso kultiviert und vermehrt wie Weißkohl. Wirsing verträgt mehr Frost und kann fast in jeder Region an Ort und Stelle im Freien überwintern. Vor allem bei Wirsing unterscheiden sich die Sorten hinsichtlich der Haltbarkeit: Frühwirsing mit lockeren Köpfen sollte man so rasch wie Blumenkohl verbrauchen, gelber Wirsing mit schweren Köpfen eignet sich für das Winterlager, grüner Winterwirsing mit leichten Köpfen kann im Freien bleiben und jeweils frisch geerntet werden.
- Bei Butterkohl *(Brassica oleracea, var. sabauda, subvar. fimbriata)*, auch Rippenkohl oder Schmalzkohl genannt, sind Anbau und Vermehrung wie bei Weißkohl; die Sorte braucht jedoch starken Winterschutz. Butterkohl wächst besonders schnell, und Sie können ihn über Monate ernten, wenn Sie nur die äußeren Blätter pflücken und die Herzblätter in der Mitte schonen.

Winterportulak

Montia perfoliata · Familie der *Portulacaceae* (Portulakgewächse)
Mittelzehrer · einjährig

Auf einen Blick

- Andere Namen: Postelein, Tellerkraut, Kubaspinat
- Selbstbefruchtung
- Verkreuzung: –
- Vermehrung: generativ durch Samen, einfach, vermehrt sich selbst
- Blütezeit: Mai bis September
- Samenernte: ab September
- Haltbarkeit der Samen: maximal drei Jahre
- Direktsaat: ja, Juli und August im Freiland, von September bis Februar im Gewächshaus
- Vorzucht: nein
- Anbau: im Freilandbeet, im Blumentopf, im ungeheizten Gewächshaus
- Boden: tief gelockert, sandiger Lehm oder Moorboden
- Bester Standort: halbschattig bis schattig
- Mischkultur: ☺ Feldsalat, Barbarakraut, Salat
- Permakultur: ja

Junge Blättchen sehen aus wie ovale Rhomben, größere wie Tellerchen mit kleinen weißlich grünen Blüten in der Mitte. Einmal ausgesät, wächst Postelein jedes Jahr von neuem und verbreitet sich im Garten wie eine Wildpflanze. Wie Barbarakraut gehört er zu den Kräutern und Salatpflanzen für die kalte Jahreszeit; Postelein können Sie an schneefreien Tagen auch im Winter ernten. Nur bei längerem Frost müssen Sie warten, bis die Blattrosette im Frühling wieder neu austreibt. Die Blätter sind dickfleischig und saftig, etwas kleiner als Feldsalat und werden einzeln wie Kresse mit der Schere abgeschnitten.

Erstaussaat

Samen bei Ökosämereien kaufen oder eintauschen. Von Portulak gibt es (noch) keine Sorten.

Für die Samenernte brauchen Sie

- Schere
- Schnur

Samengewinnung und Entnahme der Samen

Die Pflanzen wachsen und blühen lassen, die Samenträger aber nicht trocknen lassen, denn die Samen fallen innerhalb weniger Tage aus. Deshalb abschneiden, sobald sie verblüht und grün sind. Locker gebunden in einem gut durchlüfteten Raum zum Trocknen aufhängen und ein Tuch darunter breiten oder eine Schüssel aufstellen, um die abfallenden Samen aufzufangen. Dann auch die restlichen Samen ausklopfen, weitere drei bis vier Tage trocknen lassen und zum Aufbewahren in Tüten oder Fläschchen füllen.

Permakultur

Bereits grüne Samen fallen zu Boden und sorgen für die Vermehrung. Im Gewächshaus treibt Winterportulak wieder aus, wenn Salat und Sommergemüse geerntet sind.

Geschichte und Geschichten

Postelein stammt aus Nordamerika und Mexiko; Goldsucher und Minenarbeiter sollen das Kraut als Vitamin-C-Spender gegen Skorbut gegessen haben – daher die englische Bezeichnung »miner's lettuce«. Sicher galt Postelein immer als preiswertes, gesundes Gemüse, das laufend nachwächst und große Erträge bringt.

Wurzelpetersilie

Petroselinum crispum ssp. tuberosum · Familie der *Umbellifarae* (Doldenblütler) · Mittelzehrer · zweijährig

Auf einen Blick

- Andere Namen: Petersilienwurzel, Suppenwurzel
- Fremdbefruchtung durch Insekten
- Verkreuzung: möglich mit Sorten von Blatt- und Wurzelpetersilie
- Vermehrung: generativ durch Samen, schwierig
- Blütezeit: zweites Vegetationsjahr ab Juni
- Samenernte: zweites Vegetationsjahr ab August
- Haltbarkeit der Samen: drei Jahre
- Direktsaat: ja, ab Mai
- Vorzucht: möglich
- Anbau: Freilandbeet
- Boden: tief gelockert, sandig bis schwach lehmig, mit Humusanteil
- Bester Standort: sonnig
- Mischkultur: ☺ Rote Bete, Zwiebeln, Kartoffeln und Tomaten ☹ Salat sowie verwandte Doldenblütler wie Pastinaken, Möhren, Sellerie, Fenchel
- Permakultur: nein

Wurzelpetersilie ist etwas schwieriger zu vermehren als Blattpetersilie. Es sind ebenfalls zweijährige Pflanzen, die im ersten Jahr nur die Wurzel mit Blattrosette, im Sommer des zweiten Vegetationsjahres den Blütenstand entwickeln: etwa 80 cm hoch mit weißen Blütendolden. Im August bilden sich die Samen, herzförmig oder halbrund mit einem Schwänzchen. Als Gemüse erntet man Wurzelpetersilie nur im ersten Vegetationsjahr, weil die Pflanze im zweiten Vegetationsjahr die Nährstoffe aus der Wurzel für die Samenbildung nutzt.

Erstaussaat

Samen kaufen oder eintauschen.

Samengewinnung

- Dazu brauchen Sie zweijährige Pflanzen: Die Pflanzen vor dem Frost etwa Ende Oktober ausgraben und mit der anhaftenden Erde in kleine Töpfe pflanzen. Das Kraut auf 5 cm einkürzen und darauf achten, dass man den Blattansatz, das »Herz«, der Pflanzen nicht verletzt.
- Die Töpfe in einen frostfreien und nicht zu trockenen Raum stellen und die Pflanzen bei 1 bis 3 °C überwintern.
- Ab Ende März aus dem Winterlager wieder ins Beet auspflanzen.
- Denken Sie daran, dass Sie auch neu einsäen mussen, um im nächsten Jahr Samen zu gewinnen.

Für die Samenernte brauchen Sie

- Gartenhandschuhe
- Gartenschere
- große Papiertüte

Entnahme der Samen

- Die Pflanzen blühen und die Samen reifen lassen, bis die Dolden braun und fast trocken sind. Sehr reife Petersiliensamen fallen durch Wind und Regen aus den Dolden.
- Ernten Sie möglichst an einem trockenen Tag: Die Samenstände abschneiden und sofort kopfüber in eine große Papiertüte stecken. In einem warmen, luftigen Raum drei Tage trocknen lassen.
- Samen von den Dolden streifen und eine weitere Woche trocknen lassen, dann zum Aufbewahren in Tüten oder Fläschchen füllen.

Geschichte und Geschichten

Bereits im Altertum wurde Wurzelpetersilie als Gemüse und Gewürz genutzt und vermutlich von den Römern nach Norden gebracht. Dort füllte sie offenbar eine frühe Marktlücke. Denn genau wie Blattpetersilie tauchen auch die Wurzeln seit jeher in Kräuter-, Koch- und Gartenbüchern auf, gelten zudem als so typisch »deutsch«, dass man die Herkunft der Pflanze aus dem Mittelmeerraum ganz vergessen hat.

Anzucht der Samen

- Petersiliensamen werden in Reihen gesät – entweder gleich ins Gartenbeet oder in Töpfe, jedenfalls aber im Freien. Die Samen dünn mit Erde bedecken; sie keimen langsam, und erste Blättchen zeigen sich oft erst nach vier Wochen.
- Die Pflänzchen nach Bedarf ausdünnen, damit sich kräftige Wurzeln entwickeln; die Blättchen können Sie fein geschnitten wie Blattpetersilie verwenden.

Auswahl

Wurzelpetersilie wählt man danach aus, ob die Wurzeln aromatisch, kräftig, glattschalig und gerade sind. Der Blattansatz sollte genauso wie bei Möhren halbrund und nicht eingesenkt sein.

Zucchini

Cucurbita pepo ssp. pepo convar. giromontiina · Familie der *Cucurbitaceae* (Kürbisgewächse) · Starkzehrer · einjährig

Auf einen Blick

- Andere Namen: Zucchino, Garten-, Gurken-, Gemüsekürbis, Cocozelle, Zucchetti
- Fremdbefruchtung durch Insekten, Selbstbefruchtung möglich
- Verkreuzung: Zucchini- und andere Kürbissorten untereinander
- Vermehrung: generativ durch Samen, einfach
- Blütezeit: ab Juni
- Samenernte: im Spätherbst bis Winter
- Haltbarkeit der Samen: maximal fünf Jahre
- Direktsaat: ja, Anfang Mai
- Vorzucht: möglich, ab Mitte April
- Pflanzung: nach Spätfrostgefahr ab Mitte Mai
- Anbau: im Freilandbeet, je nach Sorte im Blumentopf
- Boden: tief gelockert,

leicht sandig bis schwach lehmig, nährstoffreich, mit kompostiertem Mist oder Kompost gedüngt

- Bester Standort: sonnig
- Mischkultur: kaum möglich, weil die großen Pflanzen viel Platz brauchen
- Permakultur: nein

Zucchini gehören zusammen mit Kürbissen, Gurken und Melonen in eine Familie. Die Pflanzen sind einhäusig mit großen, gelben weiblichen und männlichen Blüten, die man leicht unterscheiden kann: Blüten mit deutlich erkennbaren Fruchtknoten sind weiblich, die auf langen Stielen männlich. Die Früchte isst man unreif, solange die Schale noch weich ist und die Kerne noch winzig sind. Erst reife, doch ungenießbare Früchte bergen dann die harten Samen, auf die es bei der Vermehrung der Pflanzen ankommt.

Erstaussaat

Samen bei Ökosämereien kaufen oder eintauschen.

Handbestäubung für Sortenerhalt

An zwei Pflanzen jeweils drei weibliche und drei männliche Blüten auswählen, die bereits durchgehend gelb, spitz zulaufend und gerade noch geschlossen sind. Da sich Zucchiniblüten morgens öffnen, muss man sie am Abend davor »versiegeln«: Verschlussklipse von Tiefkühlbeuteln vorsichtig um die Spitzen legen und so fixieren, dass keine Insekten in die Blüten kriechen können. Am nächsten Morgen die männlichen Blüten abschneiden und die Blütenblätter entfernen, sodass die Staubblätter mit den Pollen frei liegen. Die weiblichen Blüten wieder öffnen, mit den männlichen betupfen und danach wieder mit den Klipsen verschließen. Die handbestäubten Blüten mit einem bunten Faden oder Ähnlichem markieren und daraus später die Samen entnehmen.

Geschichte und Geschichten

Zucchini stammen aus der Neuen Welt, vermutlich aus den trockenen Ebenen und den Flusstälern zwischen Nordmexiko und Texas. Bei uns galten sie noch in den 70er-Jahren des vergangenen Jahrhunderts als exotisches Gemüse, und man wusste nicht, dass sie auch in unsren Breiten den ganzen Sommer über sehr üppig wachsen.

Samengewinnung

Zucchini an der Pflanze lassen, bis sie hartschalig wie Winterkürbisse sind; die Stielansätze sind dann ebenfalls hart und trocken. Die Früchte nun im Spätherbst vor dem ersten Frost abschneiden und in einem hellen, trockenen Raum zwischen 15 und 17 °C einige Wochen nachreifen lassen. Bei niedriger Temperatur verderben die Früchte; im Keller ist es zu feucht und zu dunkel.

Für die Samenernte brauchen Sie

- Gartenschere
- Gartenhandschuhe
- Messer
- Teller

Entnahme der Samen

Nur intakte Früchte nehmen, die keine weichen oder gar fauligen Stellen haben. Die Zucchini nun aufschneiden – Vorsicht, die Schale ist so glatt und hart, dass ein Messer leicht abrutscht – und unverletzte Samen mit den Fingern herausholen. Von dem watteartigen Gewebe trennen und auf einem Teller mindestens vier Wochen trocknen lassen, dann zum Aufbewahren in Tüten oder Fläschchen füllen.

Aussaat der Samen

Die Samen ab Mitte April in Töpfe oder Schalen mit Anzuchterde etwa fingernageltief in die Erde drücken und an einen warmen, hellen Ort stellen. Oder ab Anfang Mai im Freiland ebenfalls einzeln mit etwa 30 cm Abstand in die Erde stecken. Für die Dauer der Keimung spielt die Temperatur eine große Rolle: Bei 22 °C zeigen sich die Blättchen nach etwa zehn Tagen. Wie alle Kürbisgewächse sollten auch Zucchini keinen Kälteschock bekommen, denn die zarten Blätter erfrieren in einer einzigen Frostnacht. Deshalb kann man Jungpflänzchen erst nach den Spätfrösten Mitte Mai ins Freiland setzen.

Auswahl

Es gibt sehr viele verschiedene Sorten, die sich hinsichtlich Reife, Wuchs und Schalenbeschaffenheit voneinander unterscheiden. Wenn Sie den ganzen Sommer bis spät in den Herbst ernten wollen, orientieren Sie sich an der Reifezeit: Frühreife Sorten können Sie sogar noch bis Mitte Juni aussäen.

Arten und Sorten

- Rondini *(Cucurbita pepo convar. pepo)* und Patissons *(Cucurbita pepo ssp. pepo)* gedeihen auch im Blumentopf. Allerdings fruchten die Pflanzen nicht so üppig wie im Freiland.
- Patissons *(Cucurbita pepo var. clypeata)*, auch Squash oder Bischofsmütze genannt, können Sie schon ernten, wenn die Früchte nur knapp so groß wie Tischtennisbälle sind; Pflanzen und Früchte sind weniger empfindlich gegen die ersten Herbstfrostnächte als andere Zucchinisorten.
- Ein ausgezeichneter Sommerkürbis ist die Sorte Delicata, der nach einigen Wochen Lagerung noch besser als frisch von der Pflanze schmeckt. Die Schale ist dann zwar hart, aber essbar.
- Einer der wenigen hartschaligen Sommerkürbisse ist Spaghettikürbis, auch Vegetable Spaghetti genannt, dessen Fleisch man in der Schale backen kann; es zerfällt dabei in lange Fäden, die an Spaghetti erinnern.
- Ein ebenfalls hartschaliger Sommerkürbis ist Sweet Dumpling, auch Patidou genannt, der mit seinem feinen Kastanienaroma zu den besten Sorten überhaupt zählt.

Patissons gehören zu den robusten Zucchinisorten.

Zwiebel

Allium cepa · Familie der *Liliaceae* (Liliengewächse)
Mittelzehrer · zweijährig

Auf einen Blick

- Andere Namen: Speisezwiebel, Gelbe Haushaltszwiebel, Bolle, Zipolle
- Fremdbefruchtung durch Insekten
- Verkreuzung: mit anderen Zwiebelsorten
- Vermehrung: generativ durch Samen, vegetativ durch Steckzwiebeln, einfach
- Blütezeit: zweites Vegetationsjahr ab Juli
- Samenernte: zweites Vegetationsjahr ab September
- Haltbarkeit der Samen: maximal drei Jahre
- Direktsaat: ja, bis Mitte April
- Vorzucht: nein
- Pflanzung von Steckzwiebeln: Frühjahr oder Herbst
- Anbau: im Freilandbeet, im Blumentopf
- Boden: tief gelockert, sandiger Lehm mit hohem Humusanteil
- Bester Standort: sonnig
- Mischkultur: ☺ fast jedes Gemüse ☹ andere Zwiebelgewächse, Kohl und Bohnen
- Permakultur: nein

Zwiebeln sind zweijährige Pflanzen, deren Knollen dem Keim als Nahrung dienen. Gut geschützt und versorgt durch die fleischigen Blätter, überdauert er Monate und saugt gewissermaßen die dicken Häute von außen beginnend langsam aus. Deshalb bilden Zwiebeln während der Lagerung immer mehr trockene braune Schalen, während das Innere fest bleibt. Ab Mai des zweiten Vegetationsjahres treibt die Pflanze dann einen knapp meterhohen Blütenstängel aus. Die großen, weißen Blütenkugeln locken viele Insekten an und sind über Wochen eine gute Bienenweide.

Zwiebelblüten sind sehr beliebt bei Insekten und sorgen für eine gesunde Nützlingspopulation im Gemüsegarten.

Erstaussaat

Samen oder Steckzwiebeln bei Ökosämereien kaufen oder eintauschen.

Samengewinnung

Die Vermehrung durch Samen oder Steckzwiebeln ist ganz einfach: Stecken Sie im Frühjahr wie gewohnt Zwiebeln für die Ernte: Fürs Zwiebelgrün den ganzen Sommer über, für die Knollenernte im Herbst. Zwiebeln müssen nach der Ernte trocknen, bis sie so trocken sind, dass sie rascheln. Legen Sie kleinere Zwiebeln dann fürs Stecken im nächsten Frühjahr beiseite: Aus diesen Pflanzen wachsen im zweiten Vegetationsjahr die Blütenstängel mit den Samenständen, die Sie reifen lassen, bis die Stängel knicken und das Zwiebelgrün vertrocknet ist.

Für die Samenernte brauchen Sie

- Gartenschere
- Tablett oder Teller

Tipp

Samentragende Blütenkugeln knicken fast immer, doch wenn sie am feuchten Erdboden liegen, können sie faulen oder von Pilzen befallen werden. Deshalb abschneiden und trocknen lassen.

Entnahme der Samen

- Die Pflanzen blühen und die kugeligen Samenstände reifen lassen, bis sie braun und trocken sind.
- Abschneiden und auf einem Tablett oder auf Tellern noch zwei bis drei Wochen trocknen lassen; dabei fällt ein großer Teil der Samen ab. Die restlichen Samen abstreifen und zum Aufbe-

wahren in Tüten oder Fläschchen füllen.

Anzucht der Samen

Sobald der Boden offen ist, die Zwiebelsamen einzeln in die Erde stecken. Zwiebeln sollten spätestens bis Mitte April gesät sein.

Permakultur

Aus blühenden Zwiebeln fallen immer einige reife Samen zu Boden und treiben bereits im Herbst aus: dünne Halme, etwa so lang wie der kleine Finger. Markieren Sie die Stelle(n), denn nach einigen Wochen wachsen daraus die neuen Zwiebelpflänzchen. Lassen Sie davon wiederum einige Pflanzen stehen, die im folgenden Frühjahr dann den Blütenstängel treiben. Auf diese Weise haben Sie immer einen kleinen Vorrat an Zwiebelgrün und reifen Knollen auf dem Beet stehen.

Vegetative Vermehrung

Das geschieht durch Steckzwiebeln, die Sie aus Samen gezogen haben. Diese Jungzwiebeln werden im Frühjahr gesteckt, bilden im Herbst erntereife Knollen, von denen man wiederum einige Zwiebeln für die Samengewinnung im nächsten Jahr überwintert.

Auswahl

Es gibt so viele Sorten, dass man vorwiegend nach Geschmack, Haltbarkeit, Verwendung und guter Lagerfähigkeit auswählt. Gelbe und braune Zwiebeln nimmt man gewöhnlich zum

Getrockneter Blütenstand der Zwiebel mit reifen Samen

Würzen, weil sie schärfer schmecken als rote und weiße; diese eher milden Zwiebeln eignen sich auch zum Rohessen und für Salat. Braune Sommerzwiebeln kann man nach dem Trocknen länger lagern als rote oder weiße Zwiebel, dicke weiße Gemüsezwiebeln sind mild und zum Füllen geeignet. Kleine, scharfe Schalotten sind besonders fein als Würze. Im ersten Vegetationsjahr früh blühende Pflanzen sollte man nicht vermehren.

Geschichte und Geschichten

Zwiebeln sind nur als Kulturpflanzen bekannt und werden bereits seit Jahrtausenden angebaut: Im Ägypten der Pyramidenzeit waren sie die wichtigste Ackerfrucht – zum Essen, zum Heilen und für religiöse Riten. So wurden sie den Mumien in Brustkorb und Ohren gelegt – vielleicht, weil sie als Mittel gegen Schlangenbiss galten. Die Bibel berichtet, dass die Juden bei ihrer Wanderung durch die Wüste die gewohnte Zwiebelration vermissten, Homer zählt in der Ilias auch Zwiebeln zu den Lebensmitteln, die nach der Schlacht als Stärkungsmittel dienten. Mit der Kultivierung des Geschmacks gerieten Zwiebeln oft ins Abseits, obwohl niemand darauf verzichten konnte und wollte. Diese Ambivalenz teilt die Zwiebel bis heute mit dem Knoblauch: Je nach Trend schätzt man sie hoch oder straft sie mit kulinarischer Verachtung.

Arten und Sorten

- Frühlingszwiebeln tragen einen langen Schaft wie Lauchzwiebeln und flachrunde, bis 4 cm große weiße Knollen.
- Schalotten *(Allium cepa var. ascalonicum)*, auch Schlotten, Eschlauch, Aschlauch oder Kartoffelzwiebeln genannt, gehören zu den »zusammengesetzten Zwiebeln«: Eine größere, meist dicke Hauptzwiebel sitzt mit einigen länglichen oder kantigen Nebenzwiebeln auf einem »Wurzelansatz«, dem Zwiebelboden. Schalotten vertragen mehr Hitze und längere Tage als andere Speisezwiebeln, und man kann sie zweimal pro Jahr ernten: als frische Lauchschalotten zum Sofortverbrauch im Juni und als Trockenschalotte für den Vorrat im August.

Zwiebeln vermehren sich von selbst.

- Echte Lauchzwiebeln *(Allium fistulosum)* finden Sie auch bei Schnittlauch auf Seite 129, Echte Perlzwiebeln *(Allium ampeloprasum)* bei Porree auf Seite 106.

Übersicht: Samengärtnerei

Pflanze	Botanischer Name	Vermehrung: g = generativ v = vegetativ	einjährig/ zweijährig/ mehrjährig	Samenernte
Artischocke	*Cynara scolymus*	g + v; schwierig	mehrjährig	2. Jahr ab Sept.
Aubergine	*Solanum melongena*	g; einfach	einjährig	ab September
Augenbohne	*Vigna unguiculata ssp. unguiculata*	g; einfach	einjährig	möglichst spät
Barbarakraut	*Barbarea vulgaris*	g; einfach	mehrjährig	2. Jahr ab Sept.
Bärlauch	*Allium ursinum*	g + v; einfach	mehrjährig	2. Jahr ab Sept.
Basilikum	*Ocimum basilicum*	g + v; schwierig	ein- + mehrjährig	ab Oktober
Bataviasalat	*Lactuca sativa var. capitata*	g; einfach	einjährig	ab September
Blumenkohl	*Brassica oleracea var. botrytis*	g; sehr schwierig	einjährig	ab September
Borlottibohne	*Phaseolus vulgaris*	g; einfach	einjährig	ab Oktober
Brokkoli	*Brassica oleracea var. italica*	g; schwierig	einjährig	ab September
Buschbohne	*Phaseolus vulgaris var. nanus*	g; einfach	einjährig	ab September
Butterkohl	*Brassica oleracea var. sabauda convar. fimbriata*	g; schwierig	zweijährig	2. Jahr ab Sept.
Chili	*Capsicum baccatum*	g; einfach	einjährig	ab Oktober
Chinakohl	*Brassica rapa ssp. pekinensis*	g; sehr schwierig	zweijährig	2. Jahr ab Sept.
Dill	*Anethum graveolens var. hortorum*	g; einfach	mehrjährig	ab August
Eichblattsalat	*Lactuca sativa var. crispa*	g; einfach	einjährig	ab August
Eissalat	*Lactuca sativa var. capitata*	g; einfach	einjährig	ab September
Endiviensalat	*Cichorium endivia L.*	g; schwierig	zweijährig	2. Jahr ab Sept.
Erbse	*Pisum sativum*	g; einfach	einjährig	ab August
Erdbeerspinat	*Blitum capitatum*	g; einfach	einjährig	ab September
Eskariol	*Cichorium endivia L. var. latifolium*	g; schwierig	ein- + zweijährig	1. Jahr ab Sept.
Etagenzwiebel	*Allium x proliferum*	g; einfach	mehrjährig	laufend
Ewiger Kohl	*Brassica oleracea var. acephala*	g + v; einfach	mehrjährig	laufend
Feldsalat	*Valerianella locusta*	g; einfach	einjährig	ab Juni
Feuerbohne	*Phaseolus occineus*	g; einfach	einjährig	bis Ende Oktober

Übersicht: Samengärtnerei

Haltbarkeit der Samen	Direktsaat	Vorzucht	Permakultur	Neusaat	Pflanze
max. 5 Jahre	nein	ja	ja	ca. alle 5 Jahre	**Artischocke**
max. 6 Jahre	nein	ja	nein	jährlich	**Aubergine**
max. 5 Jahre	nein	ja	nein	jährlich	**Augenbohne**
max. 3 Jahre	ja	nein	ja	ca. alle 5 Jahre	**Barbarakraut**
max. 3 Jahre	ja	möglich	ja	nicht nötig	**Bärlauch**
max. 5 Jahre	nein	ja	je nach Sorte	jährlich	**Basilikum**
max. 5 Jahre	ja	ja	nein	jährlich	**Bataviasalat**
max. 6 Jahre	nur für Gemüse	für Samen	nein	jährlich	**Blumenkohl**
max. 5 Jahre	ja	nein	nein	jährlich	**Borlottibohne**
max. 6 Jahre	nur für Gemüse	für Samen	nein	jährlich	**Brokkoli**
max. 5 Jahre	ja	nein	nein	jährlich	**Buschbohne**
max. 6 Jahre	ja	nur für Gemüse	nein	jährlich	**Butterkohl**
max. 5 Jahre	nein	ja	nein	jährlich	**Chili**
max. 5 Jahre	nein	ja	nein	jährlich	**Chinakohl**
max. 4 Jahre	ja	nein	ja	nicht nötig	**Dill**
max. 5 Jahre	ja	ja	nein	jährlich	**Eichblattsalat**
max. 5 Jahre	ja	ja	nein	jährlich	**Eissalat**
max. 5 Jahre	ja	ja	nein	jährlich	**Endiviensalat**
max. 5 Jahre	ja	nein	nein	jährlich	**Erbse**
max. 5 Jahre	ja	nein	ja	ca. alle 5 Jahre	**Erdbeerspinat**
max. 5 Jahre	ja	möglich	nein	jährlich	**Eskariol**
-	ja	nein	ja	nicht nötig	**Etagenzwiebel**
-	ja	nein	ja	nicht nötig	**Ewiger Kohl**
max. 4 Jahre	ja	nein	ja	ca. alle 5 Jahre	**Feldsalat**
max. 5 Jahre	ja	nein	nein	jährlich	**Feuerbohne**

Übersicht: Samengärtnerei

Pflanze	Botanischer Name	Vermehrung: g = generativ v = vegetativ	einjährig/ zweijährig/ mehrjährig	Samenernte
Flageoletbohne	*Phaseolus vulgaris*	g; einfach	einjährig	bis Ende Oktober
Frühlingszwiebel	*Allium cepa*	g; einfach	zweijährig	2. Jahr ab Sept.
Gewürzfenchel	*Foeniculum vulgare var. dulce*	g; einfach	einjährig	ab September
Grünkohl	*Brassica oleracea var. sabellica*	g; einfach	zweijährig	ab August
Gurke	*Cucumis sativus*	g; einfach	einjährig	ab August
Haferwurzel	*Tragopogon porrifolius*	g; einfach	zweijährig	2. Jahr ab Juli
Herbstrübe	*Brassica rapa L. ssp. rapa*	g; schwierig	zweijährig	2. Jahr ab Sept.
Kardy	*Cynara cardunculus*	g; einfach	mehrjährig	2. Jahr ab Sept.
Knoblauch	*Allium sativum*	v; einfach	mehrjährig	2. Jahr ab Sept.
Knolau	*Allium ramosum*	g + v; einfach	mehrjährig	laufend bei Reife
Knollenfenchel	*Foeniculum vulgare var. azoricum*	g; schwierig	zweijährig	2. Jahr ab Sept.
Kohlrabi	*Brassica oleracea convar. caulorapa var. gongylodes*	g; schwierig	zweijährig	2. Jahr ab Sept.
Kohlrübe	*Brassica napus ssp. rapifera*	g; schwierig	zweijährig	2. Jahr ab Sept.
Kopfsalat	*Lactuca sativa var. capitata*	g; einfach	einjährig	ab August
Kürbis	*Cucurbita maxima + Cucurbita moschata; siehe Moschuskürbis und Riesenkürbis*			
Lauchzwiebel	*Allium fistulosum; siehe Winterheckzwiebel*			
Mairübe	*Brassica rapa L. ssp. rapa*	g; schwierig	zweijährig	2. Jahr ab Sept.
Mangold	*Beta vulgaris ssp. vulgaris convar. cicla var. cicla*	g; einfach	zweijährig	2. Jahr ab August
Markerbse	*Pisum sativum ssp. sativum convar. medullare*	g; einfach	einjährig	ab August
Markstammkohl	*Brassica oleracea convar. acephala var. medullosa*	g; einfach	zweijährig	ab August
Möhre	*Daucus carota ssp. sativus*	g; einfach	zweijährig	2. Jahr ab August
Mondbohne	*Phaseolus lunatus*	g; einfach	einjährig	bis Ende Oktober
Mungobohne	*Phaseolus aureus*	g; einfach	einjährig	bis Ende Oktober

Übersicht: Samengärtnerei

Haltbarkeit der Samen	Direktsaat	Vorzucht	Permakultur	Neusaat	Pflanze
max. 5 Jahre	ja	nein	nein	jährlich	**Flageoletbohne**
max. 3 Jahre	ja	nein	nein	jährlich	**Frühlingszwiebel**
max. 5 Jahre	ja	nein	ja	nach Bedarf	**Gewürzfenchel**
mind. 6 Jahre	ja	ja	nein	jährlich	**Grünkohl**
max. 6 Jahre	nein	ja	nein	jährlich	**Gurke**
max. 3 Jahre	ja	nein	nein	jährlich	**Haferwurzel**
mind. 6 Jahre	ja	nein	nein	jährlich	**Herbstrübe**
max. 5 Jahre	ja	nein	ja	nach Bedarf	**Kardy**
max. 3 Jahre	ja	nein	ja	nach Bedarf	**Knoblauch**
max. 3 Jahre	ja	nein	ja	nach Bedarf	**Knolau**
max. 5 Jahre	ja	möglich	nein	jährlich	**Knollenfenchel**
mind. 6 Jahre	ja	nur für Gemüse	nein	jährlich	**Kohlrabi**
mind. 6 Jahre	ja	ja	nein	jährlich	**Kohlrübe**
max. 5 Jahre	ja	ja	nein	jährlich	**Kopfsalat**
					Kürbis
					Lauchzwiebel
mind. 6 Jahre	ja	nein	nein	jährlich	**Mairübe**
mind. 6 Jahre	ja	nein	ja	nach Bedarf	**Mangold**
max. 5 Jahre	ja	nein	nein	jährlich	**Markerbse**
mind. 6 Jahre	ja	ja	nein	jährlich	**Markstammkohl**
max. 3 Jahre	ja	nein	nein	jährlich	**Möhre**
max. 5 Jahre	ja	nein	nein	jährlich	**Mondbohne**
max. 5 Jahre	im Gewächshaus	nein	nein	jährlich	**Mungobohne**

Übersicht: Samengärtnerei

Pflanze	Botanischer Name	Vermehrung: g = generativ v = vegetativ	einjährig/ zweijährig/ mehrjährig	Samenernte
Muskatkürbis	*Cucurbita moschata*	g; einfach	einjährig	Herbst + Winter
Paksoi	*Brassica rapa var. chinensis*	g; schwierig	zweijährig	2. Jahr ab Sept.
Palerbse	*Pisum sativum ssp. sativum convar. sativum*	g; einfach	einjährig	ab August
Paprikaschote	*Capsicum annuum L.*	g; einfach	einjährig	ab September
Pastinake	*Pastinaka sativa*	g; einfach	zweijährig	2. Jahr ab Sept.
Patisson	*Cucurbita pepo var. clypeata*	g; einfach	einjährig	Herbst + Winter
Perlbohne	*Phaseolus vulgaris*	g; einfach	einjährig	bis Ende Oktober
Perlzwiebel	*Allium ampeloprasum*	v; einfach	einjährig	Sommer + Herbst
Petersilie	*Petroselinum crispum ssp. crispum*	g; einfach	zweijährig	2. Jahr ab Juni
Porree	*Allium porrum var. porrum L.*	g + v; einfach	zweijährig	2. Jahr ab Sept.
Puffbohne	*Vicia faba var. major*	g; einfach	einjährig	ab August
Radicchio	*Cichorium intybus L. var. foliosum*	g; einfach	zwei- + mehrjährig	2. Jahr ab Sept.
Radieschen	*Raphanus sativus var. sativus*	g; einfach	einjährig	ab September
Rettich	*Raphanus sativus var. niger*	g; schwierig	zweijährig	2. Jahr ab Juni
Riesenkürbis	*Cucurbita maxima*	g; einfach	einjährig	Herbst + Winter
Römersalat	*Lactuca sativa var. longifolia*	g; einfach	einjährig	ab August
Rondini	*Cucurbita pepo var. pepo*	g; einfach	einjährig	Herbst + Winter
Rosenkohl	*Brassica oleracea convar. pepo*	g; einfach	zweijährig	ab August
Rote Bete	*Beta vulgaris ssp. vulgaris convar. vulgaris var. vulgaris*	g; einfach	zweijährig	2. Jahr ab August
Rotkohl	*Brassica oleracea convar. capitata var. rossa*	g; schwierig	zweijährig	2. Jahr ab Sept.
Rucola	*Eruca perennis Eruca sativa*	g; einfach	ein- + mehrjährig	ab August
Schalotte	*Allium cepa var. ascalonicum*	g + v; einfach	zweijährig	2. Jahr ab Sept.
Schlangenradies	*Raphanus sativus var. caudatus*	g; einfach	einjährig	laufend bei Reife
Schnittendivie	*Cichorium endivia L. var. endivia*	g; einfach	einjährig	ab September
Schnittlauch	*Allium schoenoprasum*	g + v; einfach	mehrjährig	Juli und August
Schnittsellerie	*Apium graevolens var. secalinum*	g; einfach	mehrjährig	1. Jahr ab Sept.
Schwarzwurzel	*Scorzonera hispanica L.*	g; einfach	zweijährig	2. Jahr ab Juli

Übersicht: Samengärtnerei					
Haltbarkeit der Samen	**Direktsaat**	**Vorzucht**	**Permakultur**	**Neusaat**	**Pflanze**
max. 5 Jahre	ja	ja	nein	jährlich	**Muskatkürbis**
max. 5 Jahre	ja	nein	nein		**Paksoi**
max. 5 Jahre	ja	nein	nein		**Palerbse**
max. 5 Jahre	nein	ja	nein		**Paprikaschote**
max. 2 Jahre	ja	nein	nein	jährlich	**Pastinake**
max. 5 Jahre	ja	ja	nein	jährlich	**Patisson**
max. 5 Jahre	ja	nein	nein		**Perlbohne**
-	ja	nein	ja	nach Bedarf	**Perlzwiebel**
max. 3 Jahre	ja	nein	nein	jährlich	**Petersilie**
max. 3 Jahre	ja	ja	nein	jährlich	**Porree**
max. 5 Jahre	ja	nein	nein	jährlich	**Puffbohne**
max. 5 Jahre	ja	möglich	möglich	jährlich + nach Bedarf	**Radicchio**
max. 6 Jahre	ja	nein	nein	jährlich	**Radieschen**
max. 6 Jahre	ja	nein	nein	jährlich	**Rettich**
max. 5 Jahre	ja	ja	nein	jährlich	**Riesenkürbis**
max. 5 Jahre	ja	ja	nein	jährlich	**Römersalat**
max. 5 Jahre	ja	ja	nein	jährlich	**Rondini**
mind. 6 Jahre	ja	ja	nein	jährlich	**Rosenkohl**
mind. 6 Jahre	ja	möglich	nein	jährlich	**Rote Bete**
max. 6 Jahre	ja	nur für Gemüse	nein	jährlich	**Rotkohl**
mind. 6 Jahre	ja	nein	ja	nicht nötig	**Rucola**
max. 3 Jahre	ja	nein	nein	jährlich	**Schalotte**
-	ja	nein	nein	jährlich	**Schlangenradies**
max. 5 Jahre	ja	nein	nein		**Schnittendivie**
max. 3 Jahre	ja	möglich	ja	nach Bedarf	**Schnittlauch**
max. 4 Jahre	ja	nein	ja	nach Bedarf	**Schnittsellerie**
max. 3 Jahre	ja	nein	nein	jährlich	**Schwarzwurzel**

Übersicht: Samengärtnerei

Pflanze	Botanischer Name	Vermehrung: g = generativ v = vegetativ	einjährig/ zweijährig/ mehrjährig	Samenernte
Sellerie	*Apium graevolens var. rapaceum*	g; einfach	zweijährig	2. Jahr ab Juli
Spargelerbse	*Tetragonolubus purpureus*	g; einfach	einjährig	ab September
Spargelsalat	*Lactuca sativa var. angustana*	g; einfach	einjährig	ab Oktober
Speiserübe	*Brassica rapa L. ssp. rapa*	g; schwierig	zweijährig	2. Jahr ab Sept.
Spinat	*Spinacia oleracea*	g; einfach	ein- und zweijährig	ab Juni; ab April
Stangenbohne	*Phaseolus vulgaris var. vulgaris*	g; einfach	einjährig	ab Oktober
Stangensellerie	*Apium graveolens var. dulce*	g; einfach	zwei- und einjährig	2. Jahr ab Juli
Stielmus	*Brassica rapa L. ssp. rapa*	g; schwierig	zweijährig	2. Jahr ab Sept.
Teltower Rübe	*Brassica rapa L. ssp. rapa*	g; schwierig	zweijährig	2. Jahr ab Sept.
Tomate	*Lycopersicon esculentum var. esculentum*	g; einfach	einjährig	bis Oktober
Topinambur	*Helianthus tuberosus*	v; einfach	mehrjährig	Herbst + Winter
Weißkohl	*Brassica oleracea convar. capitata var. alba*	g; schwierig	zweijährig	2. Jahr ab Sept.
Wildtomate	*Lycopersicon L. pimpinellifoli-um*	g; einfach	einjährig	ab Oktober
Winterendivie	*Cichorium endivia L. var. crispum*	g; schwierig	zweijährig	2. Jahr ab Sept.
Winterheckzwiebel	*Allium fistulosum*	g + v; einfach	mehrjährig	laufend bei Reife
Winterportulak	*Montia perfoliata*	g; einfach	einjährig	ab September
Wirsing	*Brassica oleracea convar. capitata var. sabauda*	g; schwierig	zweijährig	2. Jahr ab Sept.
Wurzelpetersilie	*Petroselinum crispum ssp. tuberosum*	g; schwierig	zweijährig	2. Jahr ab Juli
Zucchini	*Cucurbita pepo ssp. pepo convar. giromontiina*	g; einfach	einjährig	Herbst + Winter
Zuckererbse	*Pisum sativum ssp. sativum convar. axiphium*	g; einfach	einjährig	ab August
Zuckerhut	*Cichorium intybus L. var. foliosum Hegi*	g; einfach	zweijährig	2. Jahr ab Sept.
Zwiebel	*Allium cepa*	g + v; einfach	zweijährig	2. Jahr ab Sept.

Übersicht: Samengärtnerei					
Haltbarkeit der Samen	**Direktsaat**	**Vorzucht**	**Permakultur**	**Neusaat**	**Pflanze**
max. 4 Jahre	möglich	ja	nein	jährlich	**Sellerie**
max. 5 Jahre	ja	nein	nein	jährlich	**Spargelerbse**
max. 5 Jahre	ja	ja	nein	jährlich	**Spargelsalat**
mind. 6 Jahre	ja	nein	nein	jährlich	**Speiserübe**
max. 5 Jahre	ja	nein	nein	jährlich	**Spinat**
max. 5 Jahre	ja	möglich	nein	jährlich	**Stangenbohne**
max. 4 Jahre	möglich	ja	nein	jährlich	**Stangensellerie**
mind. 6 Jahre	ja	nein	nein	jährlich	**Stielmus**
mind. 6 Jahre	ja	nein	nein	jährlich	**Teltower Rübe**
mind. 6 Jahre	nein	ja	nein	jährlich	**Tomate**
-	ja	nein	ja	nicht nötig	**Topinambur**
max. 6 Jahre	ja	nur für Gemüse	nein	jährlich	**Weißkohl**
mind. 6 Jahre	nein	ja	ja	nach Bedarf	**Wildtomate**
max. 5 Jahre	ja	möglich	nein	jährlich	**Winterendivie**
max. 3 Jahre	ja	nein	ja	nach Bedarf	**Winterheckzwiebel**
max. 3 Jahre	ja	nein	ja	ca. alle 5 Jahre	**Winterportulak**
max. 6 Jahre	ja	nur für Gemüse	nein	jährlich	**Wirsing**
max. 3 Jahre	ja	möglich	nein	jährlich	**Wurzelpetersilie**
max. 5 Jahre	ja	ja	nein	jährlich	**Zucchini**
max. 5 Jahre	ja	nein	nein	jährlich	**Zuckererbse**
max. 5 Jahre	ja	möglich	möglich	nach Bedarf	**Zuckerhut**
max. 3 Jahre	ja	nein	möglich	jährlich + nach Bedarf	**Zwiebel**

Glossar

Ausläufer: Waagerecht wachsende Sprosse, zum Beispiel von Erdbeeren, aus denen sich neue Pflanzen bilden. Dabei handelt es sich um vegetative Vermehrung.
Blume: Die Gesamtheit der Blüten einer Pflanze. Löwenzahn zum Beispiel besteht aus lauter kleinen Blüten, aus denen sich dann die Schirmchen mit den Samen bilden.
Blüte: Kurzspross für die generative Fortpflanzung. Die Blüte trägt die männlichen und weiblichen Fortpflanzungsorgane (Staubblätter und Stempel), aus der Blüte entwickeln sich Samen.
Direktsaat: Der Samen wird an Ort und Stelle ausgesät. Dadurch erspart man der Pflanze den Stress durch Pikieren und/oder Umpflanzen an den endgültigen Standort.
Einhäusige Pflanze: Sie trägt sowohl weibliche als auch männliche Blüten mit den entsprechenden Fortpflanzungsorganen. Es gibt einhäusige Pflanzen mit getrenntgeschlechtlichen Blüten oder mit Zwitterblüten, die sowohl die männlichen Staubblätter als auch die weiblichen Fruchtblätter tragen.
Fremdbefruchter: Die Befruchtung einer Pflanzenart oder Sorte erfolgt mit verschiedenen Pflanzen, deren Pollen vom Wind oder von Insekten verbreitet werden.
Generativ: Die Vermehrung einer Pflanze durch Samen (siehe Seite 16).
Griffel: Stängelförmiger Abschnitt des Fortpflanzungsorgans einer Pflanze, zwischen Fruchtknoten am Blütenboden und Narbe an der Spitze.
Hybridpflanzen: Es sind Einmalpflanzen, die wachsen, blühen und fruchten, sodass man ernten kann. Doch danach ist meist Schluss, denn die Samen, die man von Hybridsorten gewinnt, keimen in der Regel nicht mehr aus. Dieses Risiko will man natürlich nicht eingehen, denn Pflanzen aus Samen ziehen macht ja Arbeit. Deshalb kauft man notgedrungen neue Samen. Hybriden tragen das Kürzel »F 1« neben Namen und Sorte der Pflanze.
Knollen: Botanisch gesehen sind zum Beispiel Topinambur oder Kartoffeln fleischig verdickte und vergrößerte Triebspitzen von unterirdisch wachsenden Sprossen. Die »Augen« von Kartoffeln sind die Sprosse, die weiter wachsen und an deren Ende sich wiederum Knollen bilden.

Narbe: Spitze des weiblichen Fortpflanzungsorgans einer Pflanze. Bei der Bestäubung trifft das Pollenkorn auf die Narbe: Es keimt aus, wächst schlauchförmig durch den Griffel bis zum Fruchtknoten und befruchtet die Eizelle.
Pollen: Wesentlich für die generative oder sexuelle Fortpflanzung. Pollenkörner, ein mehlartiger Blütenstaub, umgeben die männlichen Keimzellen und schützen sie auf ihrem Weg zu den weiblichen Empfangszellen der Pflanze. Der Pollen jeder Pflanzenart weist eine bestimmte Größe, Form und Außerstruktur auf. Deshalb findet auch eine gezielte Befruchtung statt: Pollen der eigenen Art docken aufgrund spezifischer Oberflächeneigenschaften an die Narbe an, während fremde Pollen herunterfallen und nicht zur Keimung gelangen.
Samenfest: Sorten, die ihre Eigenschaften kontinuierlich an ihre Nachkommen weitergeben. Die Sorteneigenschaften ändern sich nicht abrupt, sodass die Nachkommen den Eltern ähnlich sind. Die Samen dieser Sorten können Sie vermehren und für die Pflanzenzucht verwenden. Hybridpflanzen dagegen kann man nicht vermehren.
Selbstbefruchter: Die Befruchtung einer Pflanzenart oder Sorte geschieht innerhalb derselben Blüte oder derselben Pflanze. Die Nachkommen dieser Pflanze sind sehr einheitlich. Wird das nicht gewünscht, kastriert man die Blüte(n), sodass es zur Selbstbefruchtung kommen kann.
Staubgefäße: Der männliche Teil der Blüte; Staubblätter mit Staubfäden tragen die Pollen.
Steckling: Junger Zweig oder Trieb einer Pflanze für die vegetative Vermehrung.
Stempel: Der weibliche Teil der Blüte mit dem Fruchtknoten samt Samenanlage, dem Griffel und der Narbe oben. Die Narbe nimmt die Pollen auf, sodass die Befruchtung erfolgen kann.
Vegetativ: Die Vermehrung einer Pflanze durch Stecklinge (Beerensträucher), Teilung (Schnittlauch), Knollen (Topinambur), Ausläufer (Erdbeeren) oder Rhizome (Ingwer). Genaueres finden Sie auf Seite 16.
Vorzucht: Die Samen werden in einem warmen Raum in Anzuchterde gesät, und erst die Jungpflanzen setzt man an Ort und Stelle. Vorziehen muss man wärmeliebende Pflanzen wie Tomaten, Chilis oder Auberginen, die innerhalb der Vegetationsperiode nicht mehr fruchten würden, wenn man sie erst nach den Spätfrösten Mitte Mai ins Freiland sät. Auch empfindliche Samen, wie zum Beispiel von Artischocken oder Fenchel, keimen mit Vorzucht sicherer.

Zweihäusige Pflanzen: Die eingeschlechtlichen männlichen und die eingeschlechtlichen weiblichen Fortpflanzungsorgane befinden sich auf verschiedenen Pflanzen. Die Pflanzen tragen dann entweder weibliche Stempelblüten oder männliche Staubblattblüten.

Zwiebel: Botanisch gesehen sind es kurze Sprosse, die nach oben wachsen. Die fleischigen Blätter der Zwiebel sind Nährstoffspeicher. Wächst der Schaft mit Blüten und Samen, wird die Knolle hart und ungenießbar, denn die Nährstoffe sind verbraucht.

Literatur und Adressen

Bücher

F. William Engdahl: Saat der Zerstörung. Rottenburg, 3., erw. u. verb. Auflage 2013

Andrea Heistinger, Arche Noah, Pro Specie Rara: Handbuch der Samengärtnerei. Löwenzahn. Innsbruck 2003 und 2010

Wolfgang und Marco Kawollek: Alles über Pflanzenvermehrung. Stuttgart 2008

Fritz Köhlein: Pflanzen vermehren. Stuttgart, 4. Auflage 1979

Helmut Krug, Hans-Peter Liebig, Hartmut Stützel: Gemüseproduktion. Stuttgart 2002

Marlies Ortner: Saatgut aus dem Hausgarten. Staufen bei Freiburg/Brsg., 2. Auflage 2012

Dazu mein Buch über Biogärtnerei: Constanze von Eschbach: Die 156 besten Rezepte für Selbstversorger. Rottenburg 2014

Bezugsquellen

Samen für Gemüse, Tomaten, Kräuter und Salat gibt es online bei Bio-Saatgut: www.bio-saatgut.de.

Über Katalog bestellen können Sie bei Bingenheimer Saatgut AG
www.bingenheimersaatgut.de

Pflanzkartoffeln und Samen
Bioland Hof Jeebel Biogartenversand
Jeebel 17
29410 Salzwedel
www.biogartenversand.de
Der Katalog enthält gute, ausführliche Anbautipps.

Hochwertige Biosamen für Onlineversand und Versand mit Bestellformular gibt es bei Dreschflegel, einem Zusammenschluss verschiedener Biobetriebe:
Dreschflegel GbR
In der Aue 31
37213 Witzenhausen
www.dreschflegel-saatgut.de

Vereine und Initiativen

Arche Noah, www.arche-noah.at
Bundesverband Deutscher Pflanzenzüchter e. V., www.die-pflanzenzuechter.de
Kultursaat e. V., www.kultursaat.org
Saatgutkampagne, www.saatgutkampagne.org
Save our Seeds, www.safeourseeds.org
VEN Verein zur Erhaltung der Nutzpflanzenvielfalt e. V., www. nutzpflanzenvielfalt.de
Zukunftsstiftung Landwirtschaft, www.zs-l.de

Auf den Websites der Vereine finden Sie auch interessante Termine, Datenbanken und Tauschbörsen für Samen, Unterschriftenlisten sowie Infos für Mitglieder.

Register

Pflanzenportäts

Bildnachweis

Fotolia

Marina Lohrbach (10), rdnzl (13), fotoknips (25, 74), StockRocket (27), Alexander Rahts (28), tibanna79 (30), Stefan Körber (32), beerfan (33, 76), bjul (34), L. Bouvier (36, 59, 135), DLeonis (38, 39, 62, 110, 118, 124, 161), onoky (42), LianeM (44, 88), thanamat (46), kobra78 (47), skumer (48), Friedberg (50), Swetlana Wall (51), Reena (54), mumi (56), tsach (60, 109, 116), Heike Rau (64, 126), coco (65), Albe84 (68), HildaWeges (70), effe64 (72), ajlatan (78), TwilightArtPictures (80, 96, 100, 123, 165), Mara Zemgaliete (82), Angelaravaioli (84), Anna Ziebold (90), lochstampfer (92, 98, 120), RRF (97), IrisArt (103), monropic (106), VRD (112), chihana (115), Christian B. (119), MPower223 (129), T. Linack (130), blende40 (132), Karina Baumgart (134), Fotoschlick (150, 163), omsickova (144), Lichtbildmaster (146), Peter (148 li), daoart (148 re), Dusan Kostic (151), kelly marken (154 li), ChiccoDodiFC (155), Fotoimpressionen (156), hensor (158), taaee (160), Andrea Wilhelm (168), petrabarz (170), paolagio81 (173), celeste clochard (174).

shutterstock

123451 (104)

Wikimedia

Augustus Binu (14), Loki66 (21), Enrico Blasutto (40), David Anstiss (141), Rainer Haessner (173),

von Eschbach

(16, 17, 19, 22, 23, 24, 29, 66, 86, 94, 114, 122, 128, 138, 140, 147, 152, 154 re, 164, 166, 171, 174, 175)

Über die Autorin

Constanze von Eschbach ist auf dem Land aufgewachsen. Pflanzen haben sie seit jeher fasziniert: Schon als Kind durfte sie ihr eigenes Beet im riesigen elterlichen Garten anlegen und pflegen. Während des Studiums in England lernte sie viele der großartigen Parkanlagen und bezaubernden Cottagegärten kennen. Bei langen Wanderungen entlang des Coast Path an der Küste von Devon und Cornwall entdeckte sie ihre Leidenschaft für wilde Kräuter, Wildobst und altes, inzwischen vergessenes Gemüse. Seit Jahren beschäftigt sie sich mit natürlicher Ernährung, nachhaltigem Pflanzenbau und Selbstversorgung. Constanze von Eschbach lebt mit ihren drei Katzen auf einem Bauernhof in Bayern.